招牌家常菜一本就够

甘智荣 主编

江苏凤凰科学技术出版社

图书在版编目（CIP）数据

招牌家常菜一本就够 / 甘智荣主编 .— 南京：江苏凤凰科学技术出版社，2015.10（2019.11 重印）
（食在好吃系列）
ISBN 978-7-5537-4239-7

Ⅰ.①招… Ⅱ.①甘… Ⅲ.①家常菜肴－菜谱 Ⅳ.①TS972.12

中国版本图书馆 CIP 数据核字 (2015) 第 049023 号

招牌家常菜一本就够

主　　编	甘智荣
责任编辑	葛　昀
责任监制	方　晨
出版发行	江苏凤凰科学技术出版社
出版社地址	南京市湖南路 1 号 A 楼，邮编：210009
出版社网址	http://www.pspress.cn
印　　刷	天津旭丰源印刷有限公司
开　　本	718mm × 1000mm　1/16
印　　张	10
插　　页	4
版　　次	2015年10月第1版
印　　次	2019年11月第2次印刷
标准书号	ISBN 978-7-5537-4239-7
定　　价	29.80元

图书如有印装质量问题，可随时向我社出版科调换。

前言　Preface

家常菜是指普通家庭利用现有的简单食材和调味品就可以制作出来的日常菜肴。它是中国菜的源头，也是各地方风味菜系的组成基础。吃是日常生活中的头等大事，中国菜讲究的是内容与形式的统一，菜不但要有营养，还要做得好吃，又要兼具花样特色。

现在人们对饮食方面的要求越来越高，大家不再满足于饭店中美味却并不营养的菜肴，于是开始选择材料自己动手做菜，这就是家常菜的回归。但是由于我们的一些不良烹饪习惯，让很多食物的营养在不知不觉中流失了，自己做菜也没能达到理想中的效果。

因此要想吃得好、吃得营养，不仅要会选择好的食材进行搭配，还要会科学地储藏和烹饪食物，更好地留住食物中的营养。如何让家常菜变身餐厅的招牌菜，让您和家人吃得更美味、更营养、更健康，就是本书将要告诉大家的。

蒙纳士大学亚洲研究所亚太健康和营养中心的名誉教授 Mark Wahlqvist 认为，那些有家庭烹饪习惯的人，往往有更健康的饮食习惯。他指出，烹饪是一种行为，它需要同时具备良好的心理和身体素质。有家庭烹饪习惯的人与没有家庭烹饪习惯的人相比，营养知识掌握得更全面，他们更倾向于选择健康的食物和烹饪方法。因此，常吃家常菜使营养素不容易缺乏，进而还会起到延年益寿的效果。

本书旨在将美味和营养完美结合，将日常生活中广受欢迎的家常菜分为 4 个类别：素菜、畜肉、禽蛋和水产。每个类别中分别精选了 20 道左右的精美家常菜，从选料到制作，都有详细的说明，并配有精美菜品图以及详细步骤图，一步一步教您变身大厨，轻松做出餐厅级的招牌菜。每个食谱都贴心配备了营养分析，让您清楚地知道自己从菜品中所获取的营养。制作指导则是简短、明晰地指出制作该菜肴的关键环节，让您可以准确地把握重点。小贴士则是提供了一些关于食材选择小窍门、食材营养功效、食材处理的信息。还有关于菜品的口味、功效以及适宜人群的标注，让您可以轻松找到适合自己和家人的美味佳肴。

衷心希望本书能给您和家人带来美味和健康，让大家足不出户也能享受到餐厅级别的美食。

目录 Contents

招牌菜烹调小窍门

第一章 招牌素菜

第二章 招牌畜肉菜

第三章 招牌禽蛋菜

第四章 招牌水产菜

招牌菜烹调小窍门

如何妙用家常调味料

做菜放什么调料既可以有效提升菜肴的色香味，又能保持其营养素最大限度地不被破坏？这的确是一门大学问，下面我们来介绍一些炒菜的小窍门。

1.如何正确用盐

用豆油、菜籽油炒菜时，为减少蔬菜中维生素的损失，一般应炒到快熟时再放盐；用花生油炒菜时，由于花生油易被黄曲霉菌污染，应先放盐，这样可以减少黄曲霉菌；用荤油炒菜时，可先放一半盐，以去除荤油中有机氯农药的残留，然后再加入另一半盐；在做肉类菜肴时，为使肉类炒得嫩，在炒至八成熟时放盐最好。

特别提示：按照世界卫生组织推荐，每人每日盐摄入量以 5 克为宜，不宜超过 6 克。此外，使用降压、利尿、肾上腺皮质激素类药物以及风湿病伴有心脏损害的患者，应尽量减少盐的摄入量。

2.如何正确用油

炒菜时，当油温高达 200℃及以上时，会产生一种叫“丙烯醛”的有害气体，它是油烟的主要成分，还会产生大量极易致癌的过氧化物。因此，炒菜宜用八成热的油。

特别提示：油脂能降低某些抗生素的药效。缺铁性贫血患者在服用硫酸亚铁时，如果大量食用油脂食物，会降低药效。

3.如何正确用料酒

烧制鱼、羊等荤菜时放一些料酒，可以借料酒的蒸发除去腥气。因此，加料酒的最佳时间应当是烹调过程中锅内温度最高的时候。此外，炒肉丝要在肉丝煸炒后加料酒；烧鱼应在煎好后加料酒；炒虾仁最好在炒熟后加料酒；汤类一般在开锅后改用小火炖、煨时放料酒。

特别提示：加料酒烹制食物，应把握适量的原则。

4.如何正确用糖

在制作糖醋鲤鱼等菜肴时，应先放糖后加盐，否则盐的“脱水”作用会促进蛋白质凝固而难于将糖味吃透，从而导致菜肴外甜里淡，影响其美味。

特别提示：糖不宜与中药同时服用，因为中药中的蛋白质、鞣质等成分会与糖起化学反应，使药效降低。

5.如何正确用醋

烧菜时，如果在蔬菜下锅后加一点醋，能减少蔬菜中维生素 C 的流失，促进钙、磷、铁等矿物成分的溶解，进而提高菜肴的营养价值和人体的吸收利用率。

特别提示： 醋不宜与磺胺类药物同服。因为磺胺类药物在酸性环境中易形成结晶而损害肾脏；服用碳酸氢钠、氧化镁等碱性药时，醋会使药效减弱。

6.如何正确用味精

当受热到 120℃以上时，味精会变成焦化谷氨酸钠，不仅没有鲜味，还有毒性。因此，味精最好在炒好起锅时加入。

特别提示： 味精摄入过多会使人体中各种神经功能处于抑制状态，从而出现眩晕、头痛、肌肉痉挛等不良反应。此外，老年人、婴幼儿、哺乳期妇女、高血压和肾病患者更要少吃或禁吃味精。

如何减少蔬菜营养的流失

蔬菜中含有人体需要的多种营养素，经常食用蔬菜能让你身体更健康。下面教大家如何保存蔬菜等常识。

1.蔬菜不要久存

很多人喜欢一周进行一次大采购，把采购回来的蔬菜存在家里慢慢吃，这样虽然节省时间、方便，但蔬菜放置一天就会损失大量的营养素。例如，菠菜在常温下（20℃）每放置一天，维生素 C 损失高达 84%。因此，应该尽量减少蔬菜的储藏时间，如果储藏也应该选择干燥、通风、避光的地方。

2.应现处理现炒

许多人都习惯把蔬菜买回家以后就立即整理，整理好后却要隔一段时间才炒。殊不知，买回的蔬菜比如包菜的外叶、莴笋的嫩叶、毛豆的荚等都是有活性的，它们的营养物质仍然在向食用部分运输，保留它们有利于保存蔬菜的营养物质。整理以后，营养物质容易流失，蔬菜的品质自然下降，因此，不打算马上炒的蔬菜就不要立即整理。

3.不要先切后洗

对于许多蔬菜，人们都习惯先切后清洗，其实，这样做是非常不科学的。因为这种做法会加速蔬菜营养素的氧化和可溶物质的流失，使蔬菜的营养价值降低。蔬菜先洗后切，维生素 C 可保留 98%左右；如果先切后洗，维生素 C 就会降低到 73.9%~92.9%。正确的做法是：把叶片剥下来清洗干净后，再用刀切成片、丝或块，随即下锅烹炒。还有，蔬菜不宜切得太细，过细营养素容易流失。据研究，蔬菜切成丝后，维生素仅保留 18.4%。总之，能够不用刀切的蔬菜就尽量不要用刀切。

正确烹饪水产品的方法

水产品虽然含有丰富的营养物质，但是不宜多吃。若食用方法不当，甚至会导致食物中毒。所以，食用水产品要注意适量、适度，一般每周食用 1 次即可。

1.食前处理

海鱼：吃前一定要洗净，去净鳞、腮及内脏，无鳞鱼可用刀刮去表皮上的污腻部分，这些部位往往是海鱼中污染成分的聚集地。

贝类：煮食前用清水将其外壳洗擦干净，并浸养在清水中 7 ~ 8 小时，这样，贝类体内的泥沙及其他脏东西就会吐出来。

虾蟹：清洗并挑去虾线等脏物，或用盐渍法清洗，即用饱和盐水浸泡数小时后晾晒，食前用清水浸泡清洗后烹制。

鲜海蜇：新鲜海蜇含水量多，皮体较厚，还含有毒素，需用盐加明矾腌渍 3 次，使鲜海蜇脱水 3 次，才能让毒素随水排尽。或者清洗干净后用醋浸 15 分钟，然后用热水汆(100℃沸水中汆数分钟)。

干货：水产品在干制的加工过程中容易产生一些致癌物，食用虾米、鱼干前，最好用水煮 15 ~ 20 分钟再捞出烹调食用，并将汤倒掉。

2.最佳做法

高温加热：细菌大都很怕高温，所以烹制海鲜要用大火，熘炒几分钟即可，螃蟹、贝类等有硬壳的，则必须彻底加热，一般需煮或蒸 30 分钟才可食用（加热温度至少 100℃）。

与姜、醋、蒜同食：海产品性寒、凉，姜性热，二者搭配同食可中和寒性，以防身体不适。而蒜、醋本身有着很好的杀菌作用，可以杀灭一些海产品中残留的有害细菌。

酥制：将鱼做成酥鱼后，鱼骨、鱼刺就变得酥软可口，连骨带肉一起吃，不仅味道鲜美，还可提供多种必需氨基酸、维生素 A、B 族维生素、维生素 D 及矿物质等，特别是鱼骨中的钙是其他食物所不能及的。

3.不当制法

生吃：生鲜海产品中含有细菌和毒素，生吃易造成食物中毒。而且海鱼中含有较多的组氨酸，鲜食还极易导致过敏。

熏烤：熏烤的温度往往达不到海鲜杀菌的要求，而且只是将表面的细菌杀死，内部还是会存在虫卵。

涮食：为求材料鲜嫩，用火锅涮食海产品时往往时间极短，在这短短的时间中，寄生的虫卵不能被杀死，食用后被感染的概率极高。

腌渍：用糟卤、酱油、烧酒等腌渍或炝渍海鲜无法杀灭海鲜中的细菌，即使腌渍 24 小时仍有部分虫卵存活，食用这样处理的海鲜等同于生吃，对健康极为不利。

第一章

招牌素菜

常吃素菜，健康相伴。素菜可提供人体必需的多种维生素和矿物质。为了我们的健康，在日常饮食中每餐都不应缺少素菜。那么怎么样搭配各类素菜才能做出美味的佳肴呢？下面就为您介绍各类素菜的菜式和做法，美味又营养。

口味 清淡　人群 一般人群　功效 清热解毒

蒜蓉炒小白菜

小白菜富含蛋白质、脂肪、胡萝卜素、维生素和钙、磷等矿物质以及大量粗纤维，是一种非常好的健康蔬菜。小白菜有润肠、促进排毒的作用，还能增强皮肤的抗损伤能力，可以起到很好的护肤和养颜效果。

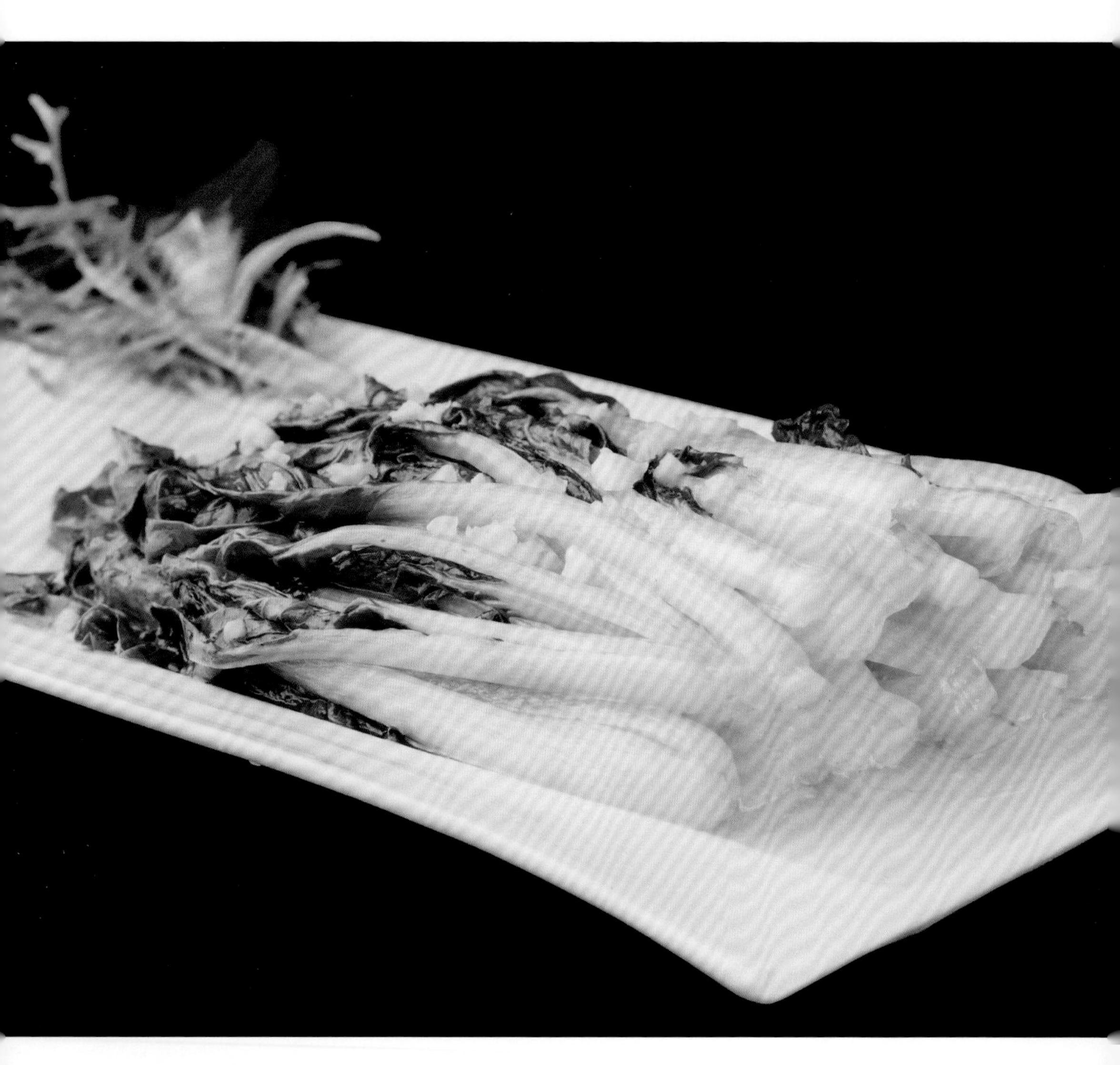

材料

小白菜	350 克	鸡精	2 克
蒜蓉	15 克	白糖	3 克
盐	2 克	食用油	适量

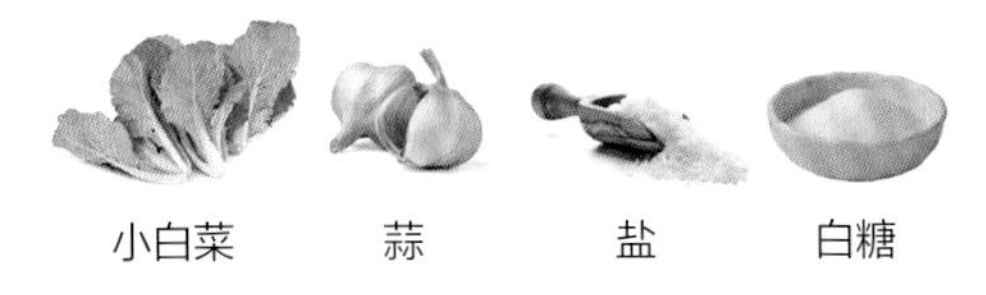
小白菜　蒜　盐　白糖

小贴士

新鲜的小白菜菜叶呈绿色、鲜艳而有光泽、无黄叶、无腐烂。若发现小白菜的菜叶颜色暗淡，无光泽，夹有枯黄叶、腐烂叶，则为劣质小白菜。

制作指导

炒制小白菜的时间不可太长，否则会出太多水，影响成品口感和外观。

做法演示

1. 锅中加适量清水，大火烧开，加少许食用油。

2. 放入洗净的小白菜拌匀。

3. 焯煮约 1 分钟后捞出。

4. 锅中放适量食用油，烧热后倒入蒜蓉爆香。

5. 倒入焯好的小白菜。

6. 拌炒均匀。

7. 加入盐、鸡精、白糖。

8. 快速炒匀使其入味。

9. 将炒好的小白菜出锅，盛入盘中即可。

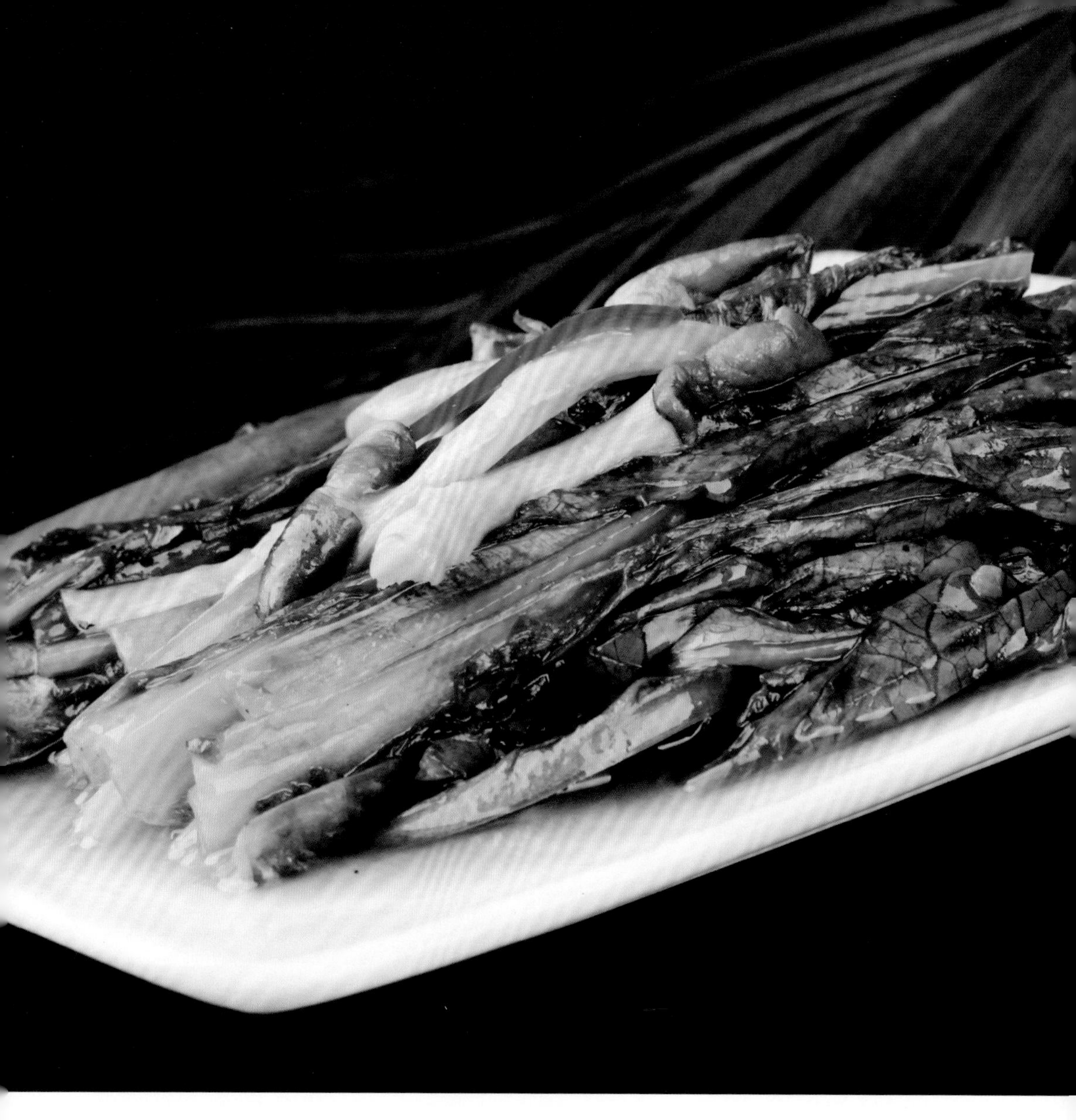

口味 鲜　人群 高脂血症患者　功效 降血脂

平菇油麦菜

油麦菜的茎叶中含有莴苣素，具有镇痛催眠、降低胆固醇含量、辅助治疗神经衰弱等功效。油麦菜还含有丰富的膳食纤维和维生素 C，有消除多余脂肪的作用，很适合肥胖者食用。

材料

油麦菜	250克	鸡精	2克
平菇	100克	料酒	3毫升
蒜末	3克	食用油	适量
红椒丝	10克	淀粉	适量
盐	3克		

油麦菜

平菇

蒜

红椒

小贴士

油麦菜对乙烯极为敏感，储藏时应远离苹果、梨、香蕉，以免氧化。烹制油麦菜时，酱油不能放得太多。

制作指导

油麦菜入锅炒制的时间不能过长，断生即可，否则会影响成菜的口感。

做法演示

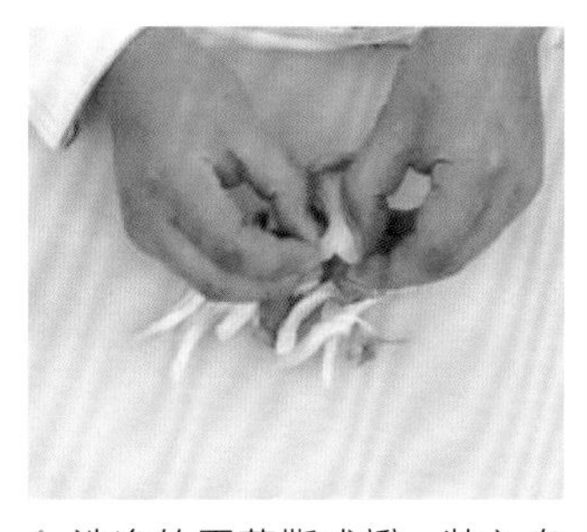

1. 洗净的平菇撕成瓣，装入盘中备用。

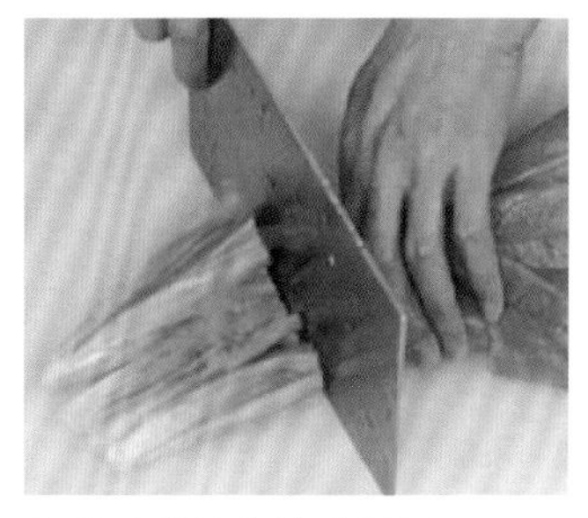

2. 洗净的油麦菜对半切开。

3. 锅置中注入适量食用油，烧热后倒入平菇略炒。

4. 倒入蒜末、红椒丝炒匀。

5. 放入油麦菜，翻炒片刻。

6. 加入盐、鸡精、料酒，炒匀调味。

7. 用少许淀粉加水勾芡。

8. 继续翻炒片刻至熟透。

9. 起锅，盛入盘中即成。

口味 辣　人群 一般人群　功效 开胃消食

红烧油豆腐

油豆腐含有丰富的优质蛋白质、氨基酸、不饱和脂肪酸及磷脂等营养成分，其铁、钙含量也非常高，常食对人体极为有益，可起到补中益气、清热润燥、生津止渴的效果。老年人和儿童皆可食用。

材料

油豆腐	200克	盐	2克
干辣椒段	7克	鸡精	2克
水发香菇	30克	蚝油	5毫升
葱段	10克	高汤	适量
辣椒酱	15克	食用油	适量

油豆腐

干辣椒

香菇

葱

小贴士

优质油豆腐色泽橙黄鲜亮，而掺了大米等杂物的油豆腐色泽暗黄。用手轻捏油豆腐，不能复原的多为掺杂货，口感会略显粗糙。

制作指导

倒入高汤以没过食材为佳，若太少会导致粘锅，太多会影响成菜的口感。

做法演示

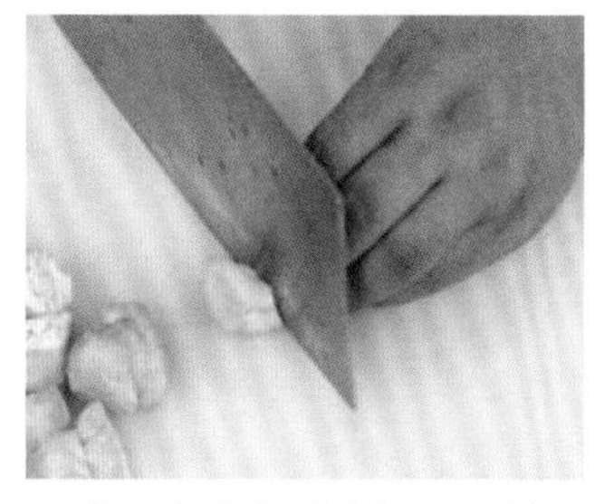
1. 油豆腐洗净对半切开，装入盘中备用。

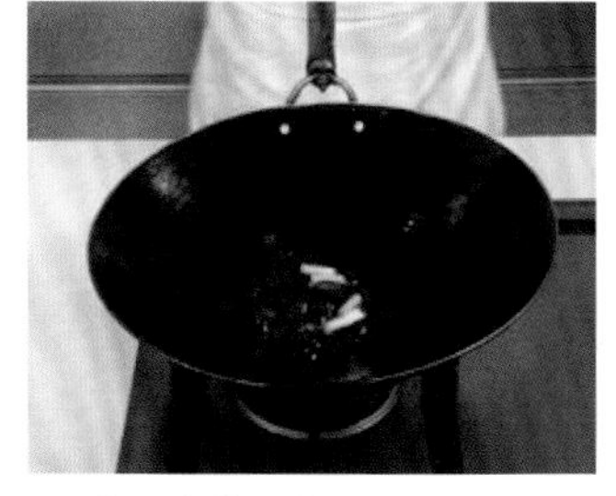
2. 油锅烧热，倒入适量葱段、干辣椒段、水发香菇。

3. 加入辣椒酱炒香。

4. 倒入切好的油豆腐块，拌炒片刻。

5. 注入少许高汤，翻炒至油豆腐变软。

6. 加盐、鸡精、蚝油调味，翻炒片刻至熟透。

7. 将锅中材料盛入砂煲中。

8. 加盖，置于小火上焖煮片刻。

9. 撒上少许葱段，关火即可。

口味 辣　人群 一般人群　功效 开胃消食

千张丝炒韭菜

千张皮含丰富蛋白质、氨基酸、维生素，以及铁、钙、钼等人体必需的多种微量元素，有清热润肺、止咳消痰、养胃、解毒、止汗等功效，还可以提高免疫力，促进身体和智力的发育。

材料

千张皮	300 克	鸡精	2 克
韭菜	200 克	蚝油	5 毫升
洋葱	30 克	淀粉	适量
红椒丝	15 克	食用油	适量
盐	3 克		

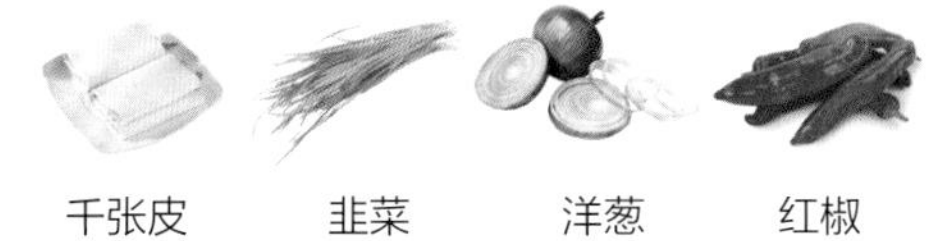

千张皮　　韭菜　　洋葱　　红椒

小贴士

春季韭菜的品质最好，夏季最差；烹饪时要注意选择嫩叶韭菜；韭菜不宜保存，建议即买即食。

制作指导

炒制千张皮前，可将其放入清水中浸泡，这样可避免发黄。千张皮炒制的时间不宜太久。

做法演示

1. 将洗净的韭菜切成约 4 厘米长的段。

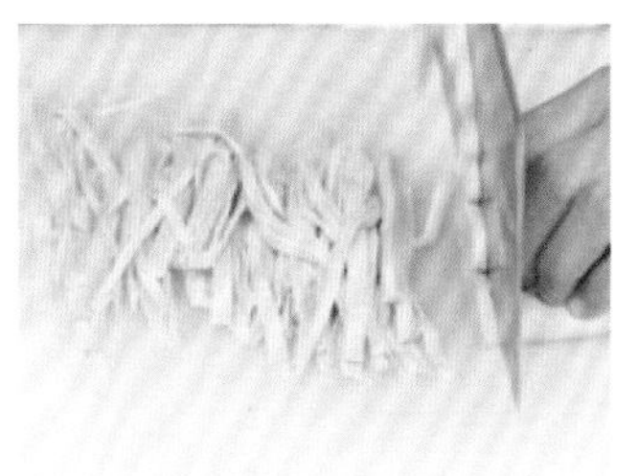

2. 洗好的千张皮改刀切成方片，再改切成丝。

3. 把洗净的洋葱切成丝。

4. 锅中注入清水烧开，倒入千张丝焯煮约 1 分钟后捞出。

5. 另起锅，注油烧热，倒入红椒丝、洋葱丝。

6. 再倒入韭菜炒约 1 分钟。

7. 倒入千张丝炒匀。

8. 加入盐、鸡精、蚝油，用少许淀粉加水勾芡，炒匀调味。

9. 拌炒均匀，装盘即可。

口味 清淡　人群 男性　功效 保肝护肾

韭黄炒胡萝卜丝

韭黄含有丰富的蛋白质、糖、矿物质、钙、铁、磷、维生素 A、维生素 C 等成分。韭黄还含有挥发性精油及硫化物等特殊成分，其散发出的一种独特的辛香气味，有助于疏调肝气、增进食欲、促进消化。

材料

韭黄	100 克	鸡精	2 克
胡萝卜	150 克	白糖	2 克
水发香菇	30 克	食用油	适量
盐	3 克		

韭黄

胡萝卜

香菇

白糖

小贴士

韭黄含有大量维生素和粗纤维，可以把消化道中误食的头发、沙砾等杂质包裹起来，随大便排出体外，可治疗便秘、预防肠癌。

制作指导

此菜下锅清炒的速度要快，尽量减少韭黄在锅内的时间，这样成菜更加鲜嫩多汁。

做法演示

1. 胡萝卜去皮，洗净，切丝。

2. 香菇洗净切丝。

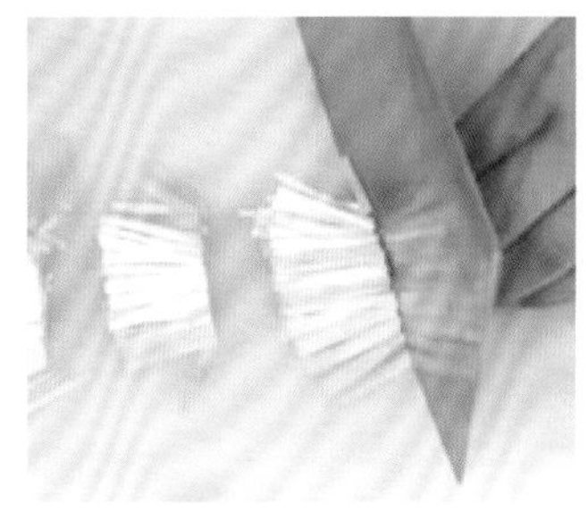
3. 韭黄洗净切段。

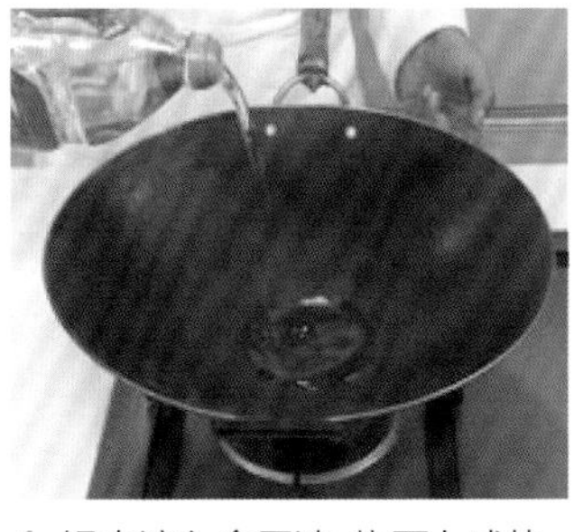
4. 锅中注入食用油，烧至七成热。

5. 倒入胡萝卜丝和香菇丝，拌炒片刻。

6. 加入韭黄翻炒至熟。

7. 加入盐、鸡精、白糖。

8. 拌炒均匀至入味。

9. 出锅，装入盘中即成。

口味 清淡　人群 儿童　功效 提神健脑

黄花菜炒木耳

黄花菜味鲜质嫩，营养丰富，含有蛋白质、维生素 C、胡萝卜素、氨基酸等人体必需的养分，其所含的胡萝卜素是西红柿的几倍，有清热、利湿、消食、明目、安神等功效，可作为病后或产后的调补品。

材料

黄花菜	100 克	味精	1 克
黑木耳	100 克	鸡精	2 克
葱段	10 克	蚝油	5 毫升
生姜片	3 克	料酒	3 毫升
蒜末	3 克	盐	3 克
红椒片	10 克	淀粉	适量
葱白	5 克	食用油	适量

小贴士

黑木耳宜选用色泽黑褐、质地柔软的。干黑木耳烹调前宜用温水泡发，泡发后仍然紧缩在一起的部分不宜吃。

制作指导

黄花菜宜用温水发制。若用冷水发制，黄花菜的香味会较淡。

做法演示

1. 将黄花菜泡发洗净，择去蒂结备用。

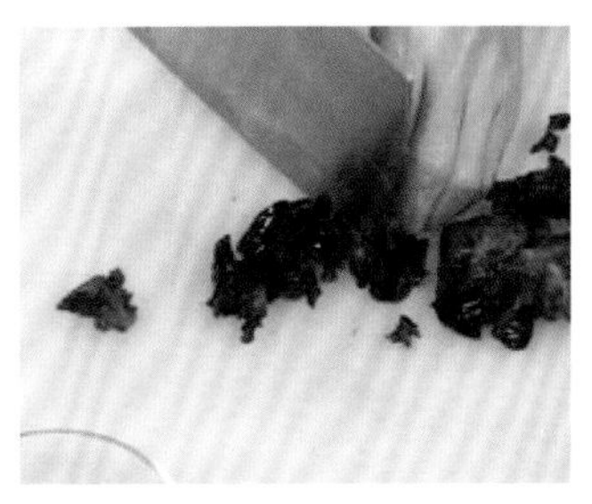

2. 将黑木耳泡发洗净，切小块。

3. 锅中注水烧开，加适量盐、食用油，倒入黑木耳、黄花菜焯烫后捞出。

4. 油锅烧热，放入蒜末、生姜片、红椒片、葱白爆香。

5. 倒入黑木耳、黄花菜炒匀。

6. 加料酒、盐、鸡精、味精、蚝油炒至入味。

7. 用少许淀粉加水勾芡。

8. 撒入葱段，淋入熟油拌匀。

9. 盛入盘内即可。

口味 鲜 人群 女性 功效 增强免疫力

黑椒口蘑西蓝花

口蘑营养高、热量低，是一种较好的减肥美容食物。它含有蛋白质、糖类、脂肪、膳食纤维、钾、磷、钙、铁及大量 B 族维生素、维生素 C，具有防治便秘、预防糖尿病、降低胆固醇含量的作用。

材料

口蘑	100 克	白糖	2 克
西蓝花	100 克	香油	适量
黑胡椒	5 克	盐	3 克
红椒丝	10 克	淀粉	适量
鸡精	2 克	食用油	适量

口蘑

西蓝花

黑胡椒

红椒

小贴士

选购西蓝花时以花球大、紧实、色泽好、花茎脆嫩、花芽尚未开放的为佳，而花芽黄化、花茎过老的则品质不佳。

制作指导

西蓝花入沸水中焯烫时，要把握好时间，不宜太久，否则会失去脆爽口感。

做法演示

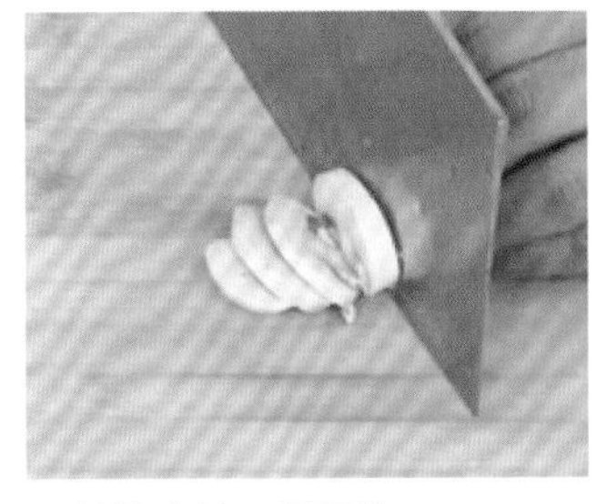
1. 将洗净的口蘑切片。

2. 将洗净的西蓝花切朵。

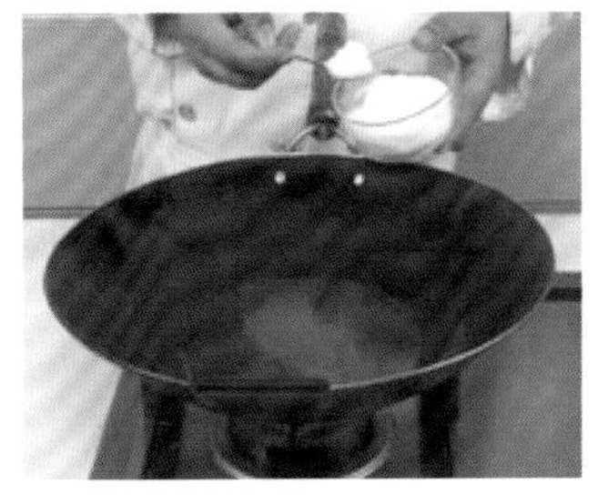
3. 锅中加清水，放入适量盐、食用油，大火煮至水沸。

4. 将口蘑和西蓝花倒入锅中，焯熟后捞出。

5. 锅中放入食用油烧热，倒入黑胡椒炸香。

6. 加少许清水煮沸，加盐、鸡精、白糖调匀。

7. 倒入焯熟的西蓝花和口蘑。

8. 撒入红椒丝，用少许淀粉加水勾芡。

9. 淋入少许香油拌匀，出锅摆盘即可。

口味 清淡　人群 一般人群　功效 提神健脑

滑子菇炒上海青

滑子菇含有粗蛋白、脂肪、碳水化合物、粗纤维、钙、磷、铁、B族维生素、维生素C、氨基酸等营养成分，味道鲜美、营养丰富，而且附着在其菌伞表面的黏性物质是一种核酸，对保持人的精力和脑力大有益处，还有抑制肿瘤的作用。

材料

上海青	200 克
滑子菇	50 克
盐	3 克
鸡精	2 克
淀粉	适量
蒜油	适量
食用油	适量

小贴士

选购上海青时，以颜色嫩绿、新鲜肥美、叶片有韧性的为佳。在常温下，上海青可保鲜 1~2 天，洗净后装入塑料袋中，放入冰箱内可保鲜 3 天。

制作提示

上海青与滑子菇都焯过水，因此炒制的时间不用过长，以免营养流失和影响成菜口感。

做法演示

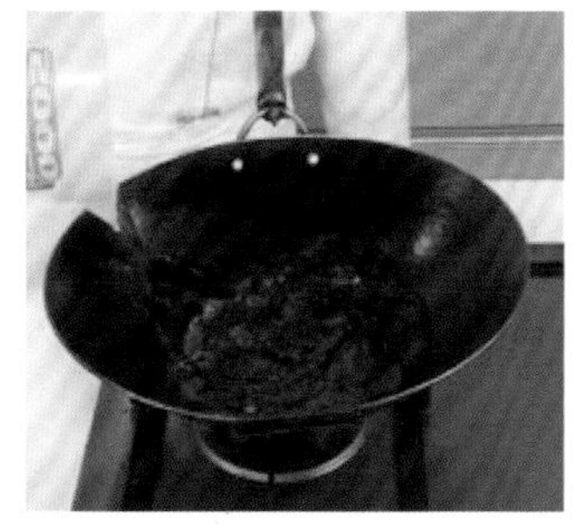

1. 锅中倒入适量清水，加少许盐、食用油烧开。

2. 再倒入洗好的上海青，焯约 1 分钟后捞出。

3. 倒入洗好的滑子菇焯 1 分钟，捞出。

4. 热锅注入食用油，倒入焯水后的上海青。

5. 然后放入焯水后的滑子菇，翻炒至熟。

6. 加盐、鸡精，炒匀调味。

7. 用适量淀粉加水勾芡。

8. 淋入少许蒜油炒匀。

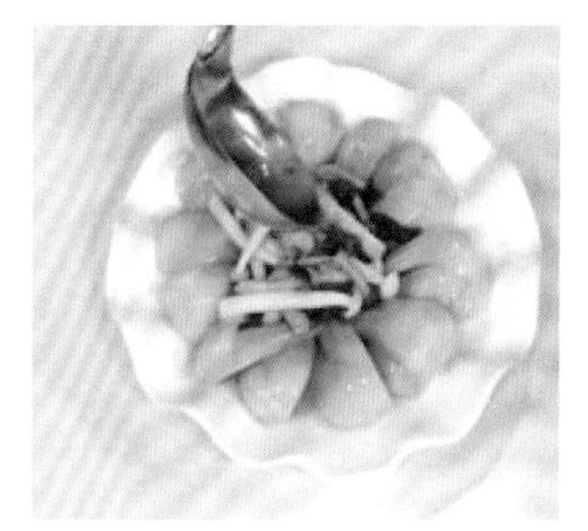

9. 盛出装盘，淋入原汁即成。

口味 清淡　人群 一般人群　功效 开胃消食

秘制白萝卜丝

白萝卜含有蛋白质、B 族维生素、维生素 C、铁、钙、磷、芥子油等营养成分，能促进新陈代谢、增进食欲、化痰清热、帮助消化、化积滞，适宜冠心病、动脉硬化、胆结石等疾病患者食用。

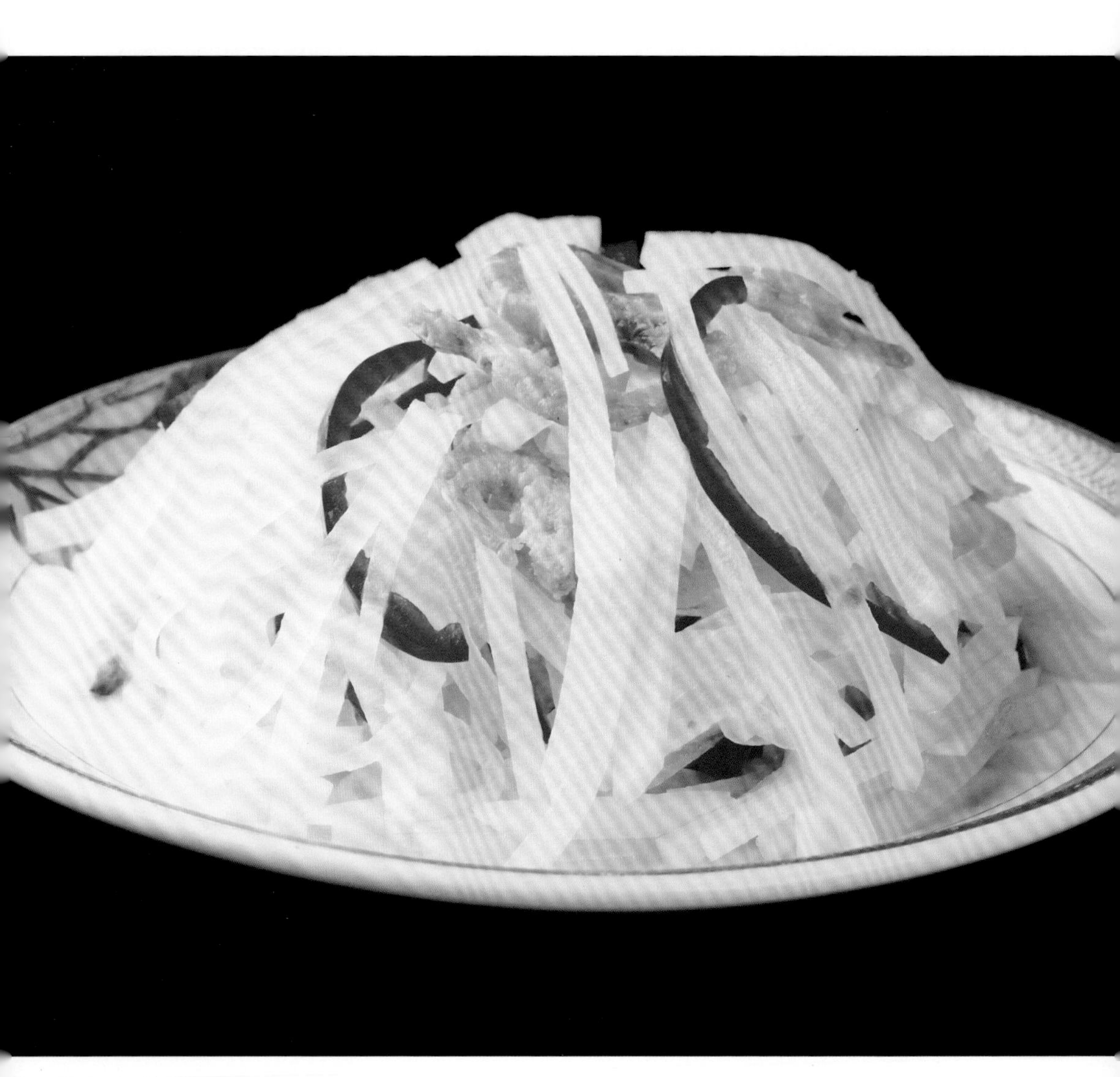

材料

白萝卜	300 克
虾米	10 克
红椒	15 克
盐	2 克
鸡精	2 克
香油	适量

小贴士

选购白萝卜时，以皮细嫩光滑，有沉重感，用手指轻弹声音沉重、结实的为佳，若声音混浊则多为糠心。注意白萝卜不宜与水果一起吃。

制作提示

若觉得太辣，可在萝卜丝入锅前，用盐先腌渍 5 分钟，以减少辣味。

做法演示

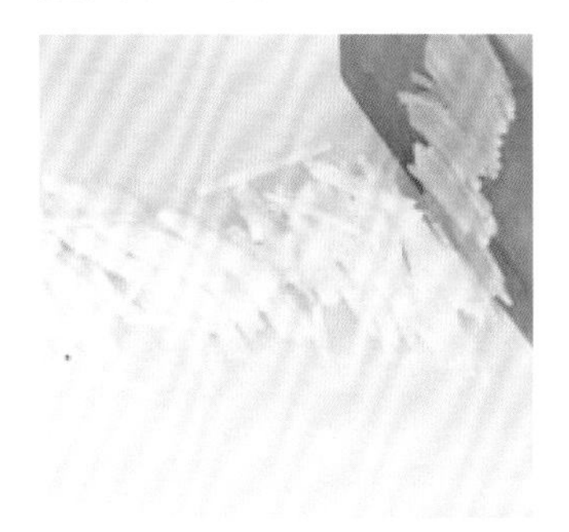

1. 洗净去皮的白萝卜先切片，再切成丝。

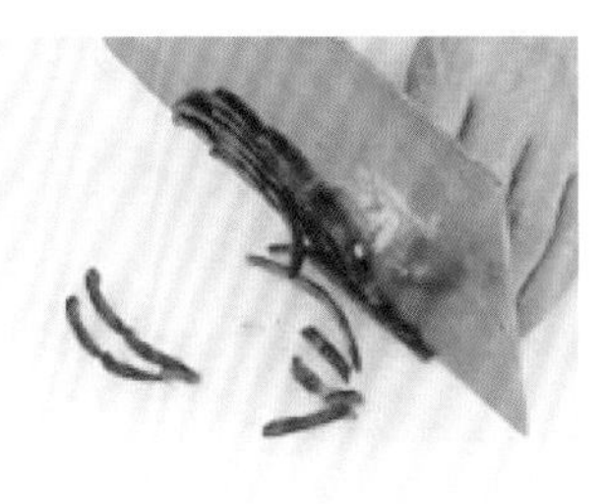

2. 洗好的红椒切开，去籽，切成丝。

3. 锅中加约 1000 毫升清水烧开，放入虾米焯水，捞出。

4. 倒入白萝卜丝，搅散，煮约 2 分钟至熟。

5. 将煮好的白萝卜丝捞出。

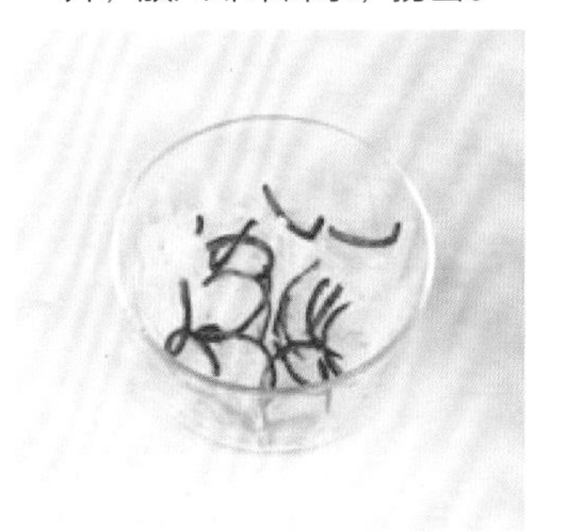

6. 盛入碗中，加入红椒丝。

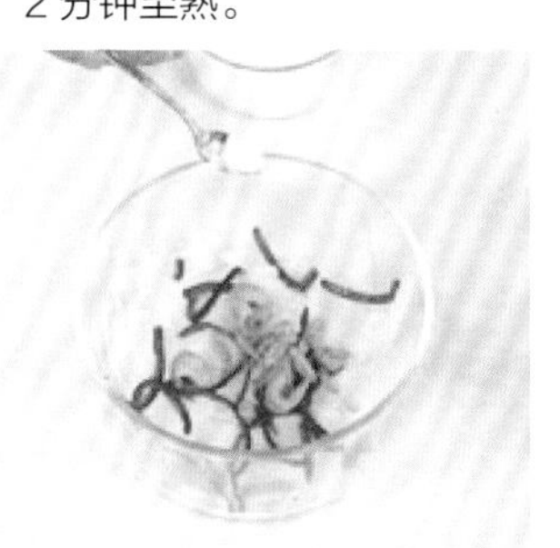

7. 倒入虾米、盐、鸡精。

8. 再加入少许香油。

9. 将所有材料拌匀，盛出装盘即可。

口味 辣　人群 女性　功效 瘦身排毒

酸辣土豆丝

土豆含有大量的碳水化合物，并含有蛋白质、矿物质、维生素等营养成分，具有健脾和胃、益气调中等功效。土豆还含有大量的优质纤维素，能帮助带走体内油脂和垃圾，具有一定的通便排毒作用。

材料

土豆	300 克	鸡精	2 克
红椒	10 克	白醋	5 毫升
葱	10 克	香油	适量
盐	3 克	食用油	适量
白糖	2 克		

土豆

红椒

葱

白糖

小贴士

本道菜可以加一点花椒，花椒先入锅，爆香后捞出，再放入土豆丝翻炒，成菜味道更香。注意放入土豆丝后，要用大火快速翻炒。

制作指导

土豆切丝后，用清水浸泡一段时间再炒制，口感更加爽脆。

做法演示

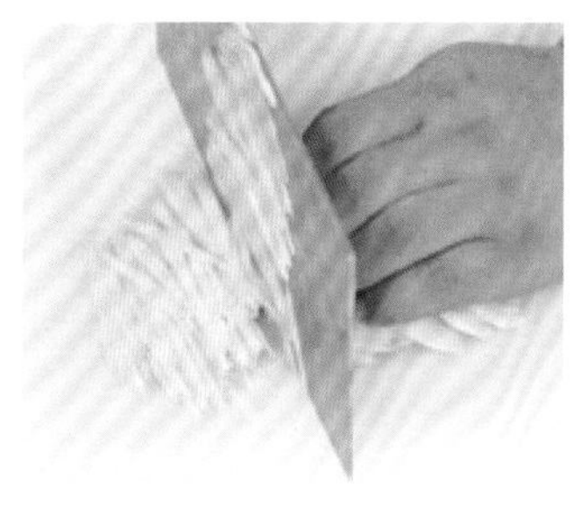

1. 土豆去皮洗净切丝，放入碗中，加清水浸泡。

2. 红椒洗净，切丝。

3. 葱洗净，葱白、葱叶均切段。

4. 热锅注入食用油烧热，倒入土豆丝、葱白翻炒片刻。

5. 加入盐、白糖、鸡精调味。

6. 炒约 1 分钟后，倒入适量白醋拌炒均匀。

7. 倒入红椒丝、葱叶炒匀。

8. 淋入少许香油。

9. 出锅装盘即成。

口味 清淡　人群 糖尿病患者　功效 降压降糖

蒜薹炒山药

山药是一种高营养、低热量的食物，含有大量的淀粉、蛋白质、B 族维生素、维生素 C、维生素 E、黏液蛋白、氨基酸和矿物质等营养成分。其所含的黏液蛋白有降低血糖的作用，是糖尿病患者的食疗佳品。常食山药还有增强人体免疫力、益心安神、止咳定喘、延缓衰老等保健作用。

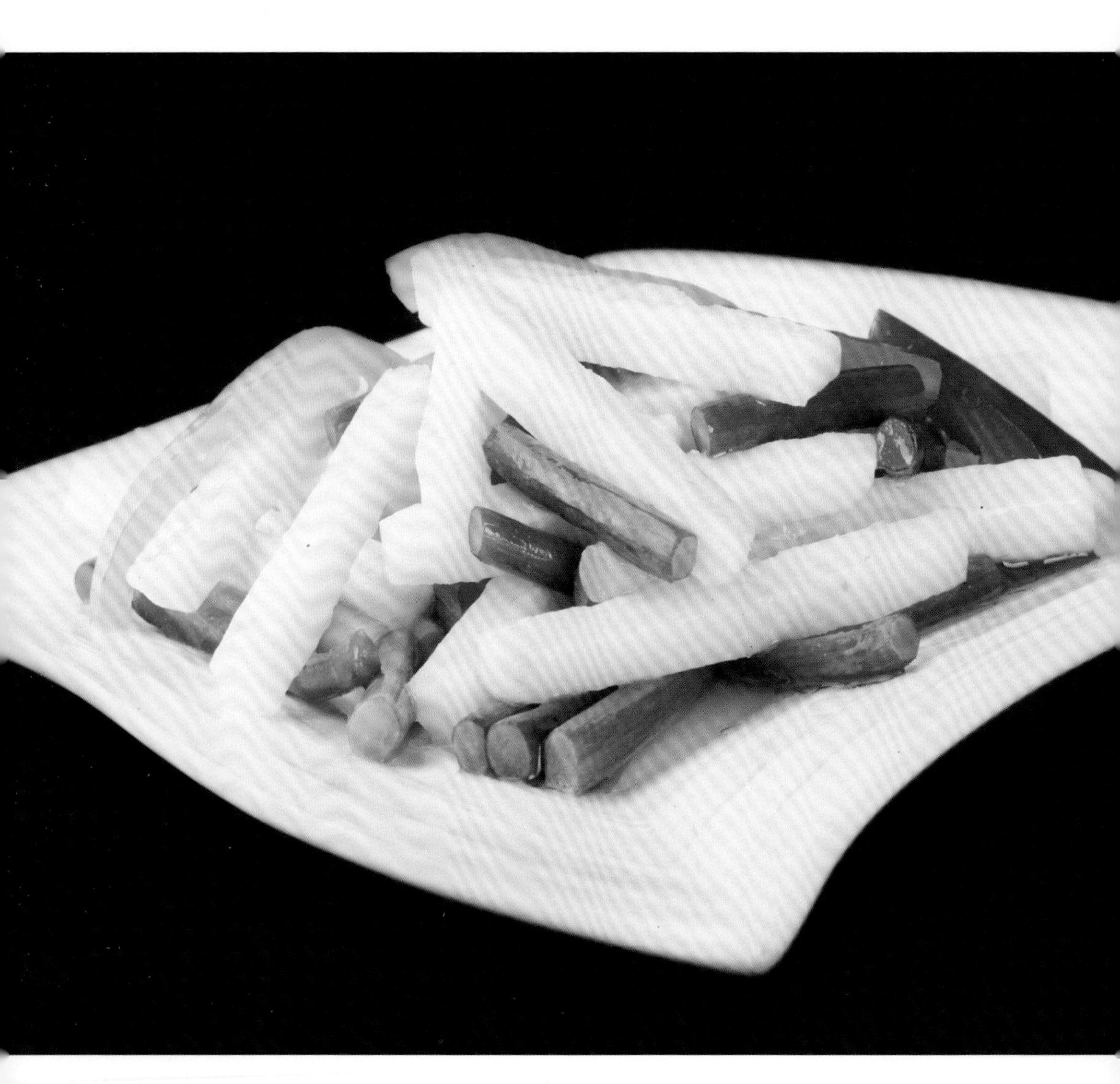

材料

蒜薹 150 克
山药 150 克
彩椒片 20 克
白糖 2 克
盐 3 克
淀粉 适量
食用油 适量

小贴士

山药是虚弱、疲劳或病愈者恢复体力的最佳食物，对于癌症患者治疗后的调理也具有较好的食疗功效，经常食用能提高免疫力。

制作提示

山药切片后需立即浸泡在盐水或醋水中，以防止氧化发黑。

做法演示

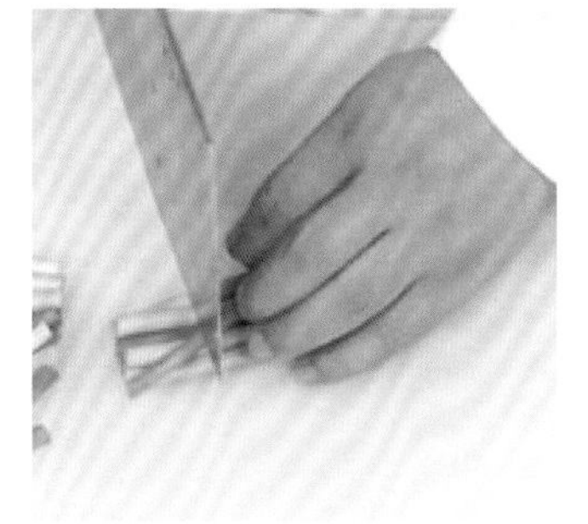

1. 将洗好的蒜薹切段。

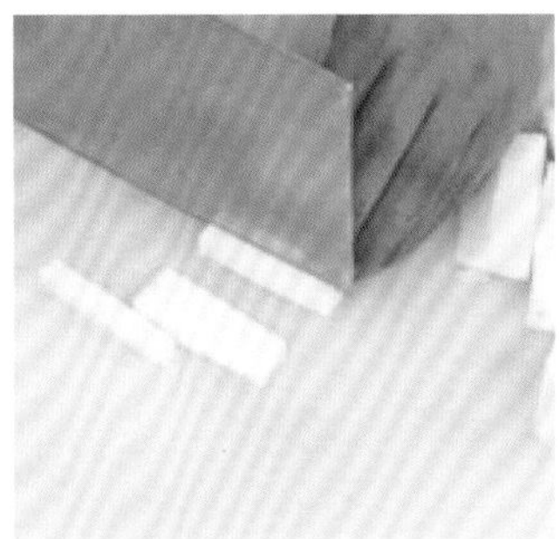

2. 把去皮洗净的山药切条，浸泡在盐水中。

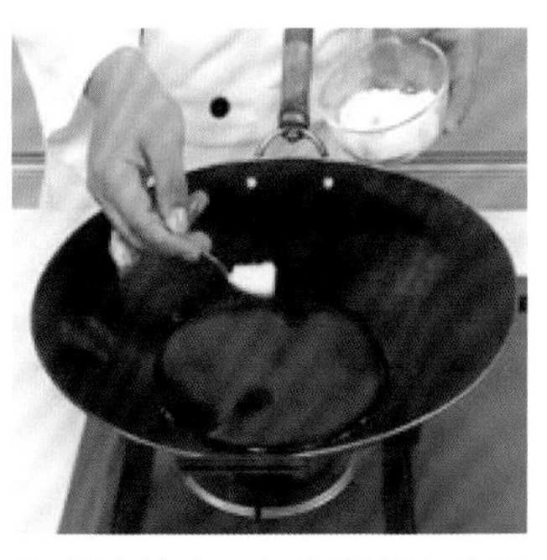

3. 锅中注水，加适量盐和食用油烧开。

4. 倒入蒜薹、山药焯烫 1 分钟。

5. 再倒入彩椒片，略烫后捞出。

6. 油锅烧热，倒入山药条、彩椒片、蒜薹，拌炒约 2 分钟。

7. 加入盐、白糖炒匀。

8. 再用少许淀粉加水勾芡，快速拌炒均匀。

9. 起锅，盛入盘内即可。

口味 清淡 人群 一般人群 功效 增强免疫力

剁椒蒸芋头

芋头中含有丰富的蛋白质、钙、磷、铁、钾、镁、钠、胡萝卜素、烟酸、维生素 C、B 族维生素、皂角苷等多种营养成分。芋头中富含的氟具有洁齿防龋、保护牙齿的作用。芋头还能增强人体的免疫力，可作为防治癌症的常用药膳主食。

材料

芋头	300 克
剁椒	50 克
葱	10 克
白糖	5 克
鸡精	2 克
淀粉	适量
食用油	适量

小贴士

芋头的黏液容易引起手部过敏，处理芋头时应戴上胶手套。剁椒咸鲜味重，但辣味不足，在菜中可以加入朝天椒和青红椒同蒸。

制作提示

芋头一定要蒸熟，否则食用后，其中的黏液会刺激咽喉，造成咽喉瘙痒等症状。

做法演示

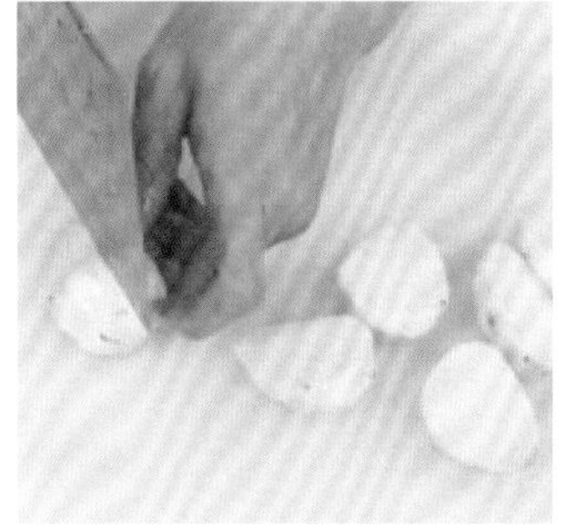

1. 把去皮洗净的芋头对半切开，装入盘中备用。

2. 葱洗净，切成葱花备用。

3. 剁椒加白糖、鸡精、淀粉、食用油拌匀。

4. 在装芋头的盘子里浇上调好味的剁椒。

5. 蒸锅置大火上，放入芋头。

6. 加盖，用中火蒸 20 分钟。

7. 揭盖，将蒸熟的芋头取出。

8. 撒上葱花。

9. 浇上热油即可。

口味 鲜　人群 女性　功效 美容养颜

西红柿烧茄子

茄子含有蛋白质、脂肪、碳水化合物以及钙、磷、铁等多种营养成分，经常吃些茄子，有助于防治高血压、冠心病、动脉硬化等症。茄子还含有维生素 E，有防止出血和抗衰老的功能；女性多吃些茄子，还可美容养颜、延缓机体衰老。

材料

西红柿	100 克
茄子	200 克
葱段	10 克
盐	3 克
香油	适量
淀粉	适量
食用油	适量

小贴士

新鲜的茄子为深紫色、有光泽、柄未干枯、粗细均匀、无斑。茄子在常温下表皮容易发皱，用保鲜膜封好置于冰箱中可保存 1 周左右。

制作提示

炸茄子时注意控制好油温，油温不宜过高，以免将茄子炸老，影响口感。

做法演示

1. 茄子洗净去皮，切滚刀块。

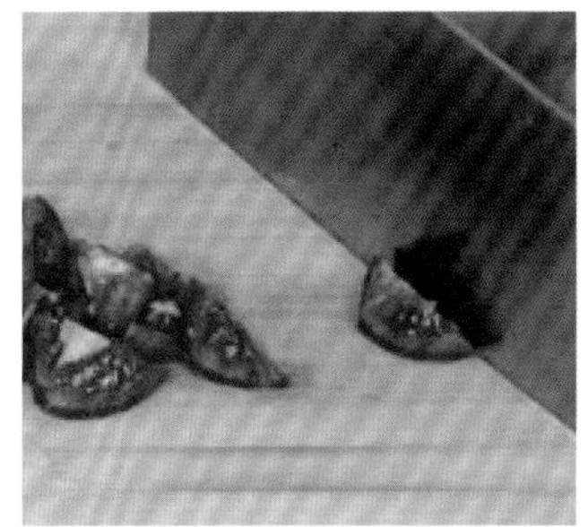

2. 西红柿洗净，切块。

3. 锅中注入食用油烧至五六成热，倒入茄子炸约 1 分钟后捞出。

4. 锅留底油，放入适量葱段爆香。

5. 加少许清水和盐调味，再倒入茄子同炒。

6. 倒入西红柿拌炒至熟。

7. 用少许淀粉加水勾芡，淋上香油。

8. 撒入葱段，拌炒均匀。

9. 盛出装盘即成。

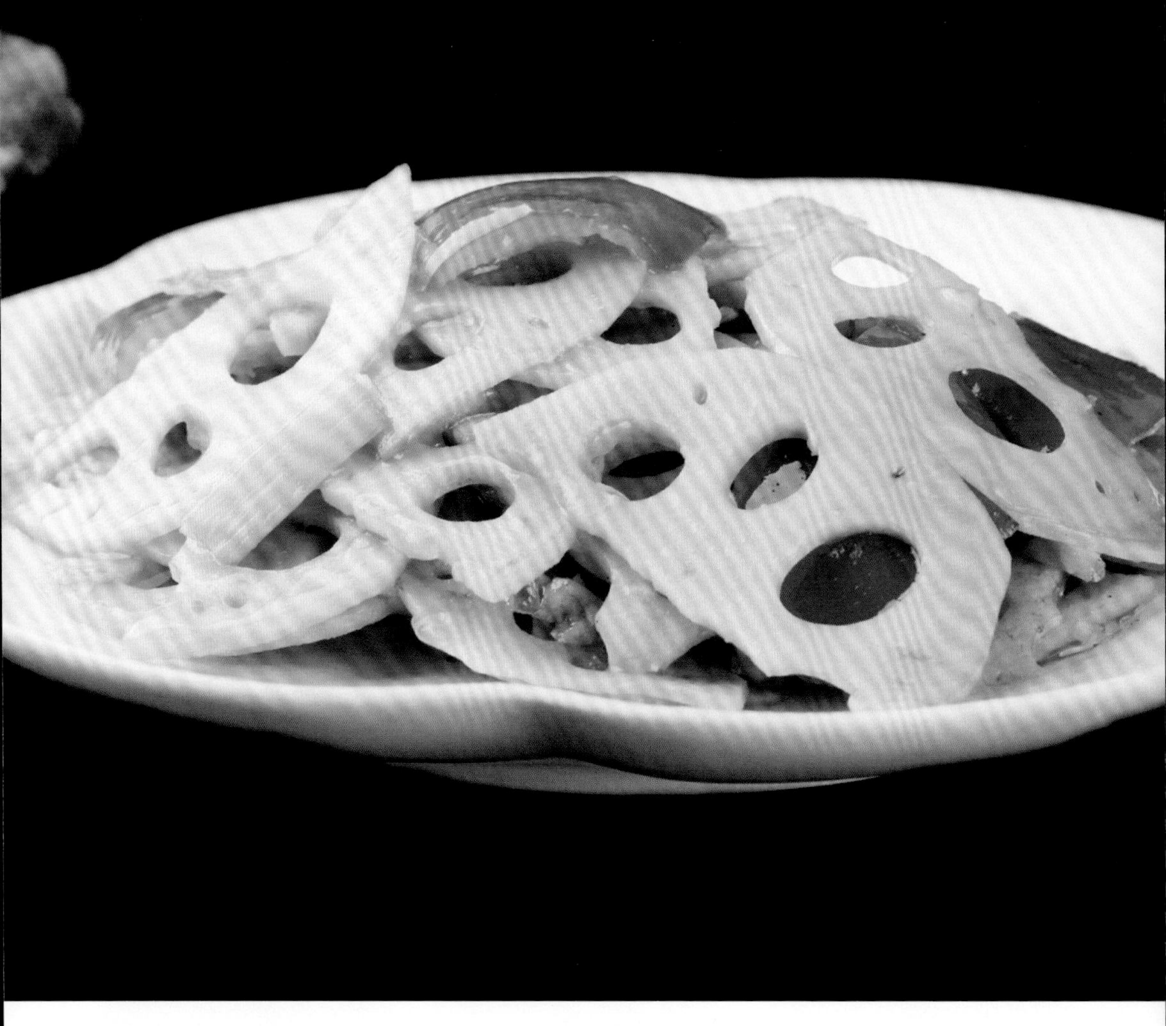

口味 清淡　人群 一般人群　功效 滋阴健脾

醋熘藕片

莲藕中含有黏液蛋白和膳食纤维，能与人体内的胆酸盐、食物中的胆固醇及甘油三酯结合，再从粪便中排出，从而减少人体对脂类的吸收。莲藕有一定的健脾止泻作用，且其散发出的独特清香，能增进食欲、促进消化、开胃健脾。

材料

莲藕	300 克	白糖	2 克
青椒片	15 克	陈醋	3 毫升
蒜末	3 克	白醋	适量
葱段	10 克	食用油	适量
盐	3 克	淀粉	适量

莲藕

青椒

葱

白糖

小贴士

要选择节两端很细、藕身圆而笔直、用手轻敲声音厚实、表面为淡茶色、没有伤痕的莲藕。煮莲藕时忌用铁器，以免导致食物发黑。

制作指导

将切好的藕片放入加有白醋的水中浸泡，可防止其变黑。

做法演示

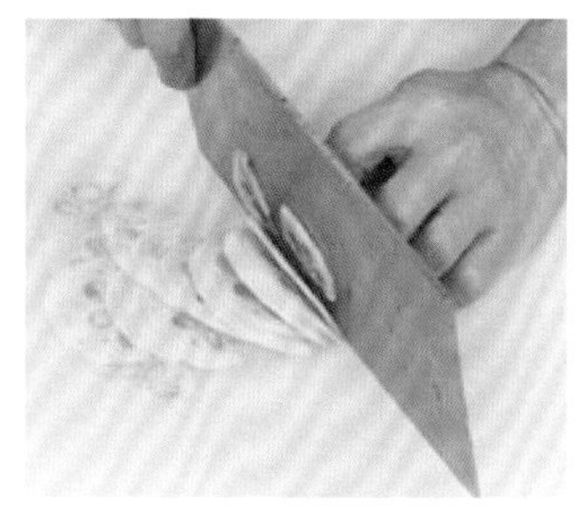
1. 将去皮洗净的莲藕切成薄片。

2. 水中加适量白醋，将莲藕浸泡备用。

3. 锅中注入清水烧开，加入少许白醋。

4. 倒入莲藕，煮约 1 分钟后捞出备用。

5. 油锅烧热，倒入蒜末、葱段、青椒片爆香。

6. 倒入莲藕，炒约 1 分钟至熟。

7. 加入盐、白糖、陈醋炒匀入味。

8. 用少许淀粉加水勾芡。

9. 加入少许熟油炒匀，盛出装盘即可。

口味 咸鲜　人群 肠胃病患者　功效 防癌抗癌

剁椒蒸茄子

剁椒不仅有好的口感，所含的营养成分也十分丰富，还能刺激唾液和胃液分泌，使人增进食欲，促进人体血液循环、散寒祛湿。茄子中含有龙葵碱，能抑制消化系统肿瘤的增殖，对于防治胃癌有一定的辅助食疗效果。

材料

茄子	300 克
剁椒	50 克
蒜末	3 克
葱花	10 克
生抽	5 毫升
淀粉	适量
食用油	适量

小贴士

茄子皮里含有 B 族维生素，B 族维生素和维生素 C 可以说是一对好搭档，因为维生素 C 的代谢过程中需要 B 族维生素支持，故建议吃茄子时不要去皮。

制作提示

可将切好的茄条放入含有白醋和盐的白开水中泡一会儿，可避免茄条氧化变黑。

做法演示

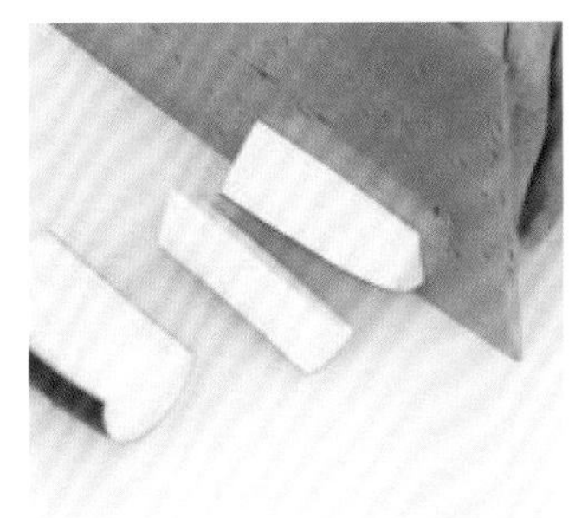

1. 将洗好的茄子切条状，摆入盘中。

2. 剁椒加蒜末、淀粉、食用油拌匀。

3. 将调好的剁椒撒在茄子上。

4. 将茄子放入蒸锅。

5. 加盖，大火蒸 5 分钟至熟。

6. 揭开锅盖，取出蒸熟的茄子。

7. 锅中加少许食用油烧热，将热油浇在茄子上。

8. 再均匀地淋入生抽调味。

9. 撒上葱花即成。

口味 清淡　人群 高脂血症患者　功效 降血脂

洋葱炒黄豆芽

洋葱含有糖类、蛋白质、维生素、碳水化合物及各种无机盐等营养成分，具有利尿、防癌、降压等功效。高脂血症患者常吃洋葱，可以稳定血压、防止血管脆化，对人体动脉血管有很好的保护作用。

材料

黄豆芽	120 克	鸡精	1 克
洋葱	100 克	盐	3 克
胡萝卜丝	50 克	淀粉	适量
葱段	10 克	食用油	适量

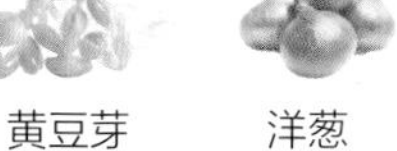

黄豆芽　洋葱　胡萝卜　葱

小贴士

要选择个体饱满、新鲜的黄豆芽食用。黄豆芽不易保存，建议现买现食。烹调黄豆芽过程要迅速，或用热油快炒。

制作指导

黄豆芽下锅后，适当加些食醋，可减少维生素 C 和维生素 B_2 的流失。

做法演示

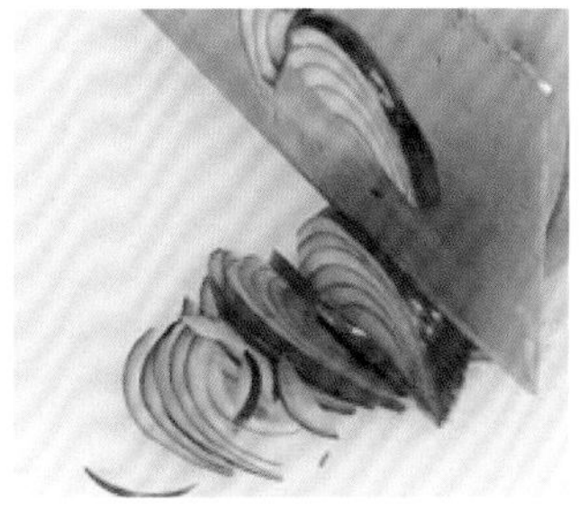

1. 将洗好的洋葱切丝。

2. 锅中倒入清水，加入适量盐，放入胡萝卜丝。

3. 待煮沸后，捞出胡萝卜丝。

4. 油锅烧热，倒入洗好的黄豆芽、洋葱炒约 1 分钟。

5. 倒入胡萝卜丝炒匀。

6. 加盐、鸡精拌炒均匀。

7. 用少许淀粉加水勾芡。

8. 撒入葱段，拌炒均匀。

9. 盛入盘中即可。

口味 清淡　人群 一般人群　功效 开胃消食

油焖春笋

春笋含有丰富的蛋白质、氨基酸、脂肪、糖类、钙、磷、铁、胡萝卜素及多种维生素，具有低脂肪、低糖、多纤维的特点。多食用春笋不仅能促进肠道蠕动、帮助消化、去积食、防便秘，还能预防大肠癌，是优良的保健蔬菜，也是肥胖者减肥的佳品。

材料

春笋	350克	蚝油	5毫升
蒜苗段	120克	盐	3毫升
红椒片	10克	淀粉	适量
鸡精	1克	食用油	适量
白糖	2克		

春笋　蒜苗　红椒　白糖

小贴士

春笋适宜在低温条件下保存，但不宜保存过久，否则质地变老会影响口感，建议最多保存1周左右。选春笋时要看色泽，以黄白色或棕黄色、具有光泽的为上品。

制作指导

春笋入锅调味后，可根据个人的口感决定焖煮的时间。

做法演示

1. 将已去皮洗净的春笋切块。

2. 锅中注入清水烧开，加入适量盐，倒入春笋。

3. 煮沸后捞出春笋。

4. 锅留底油，倒入蒜苗段、红椒片略炒。

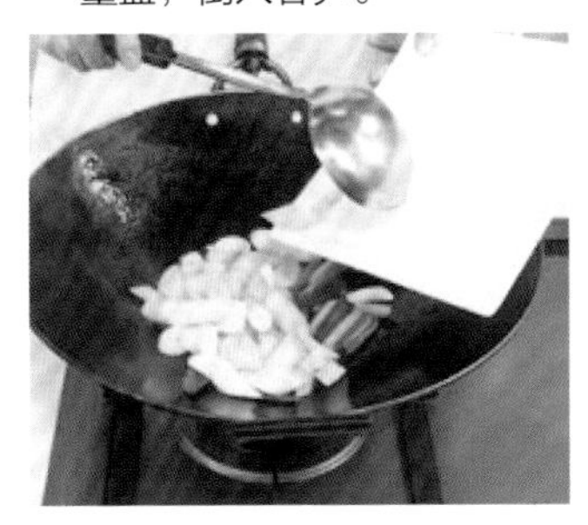

5. 再倒入春笋炒匀。

6. 加入盐、鸡精、白糖、蚝油炒匀，焖煮片刻。

7. 用少许淀粉加水勾芡。

8. 再淋入熟油炒匀。

9. 盛入盘内即成。

口味 清淡　人群 高血压患者　功效 开胃消食

冬笋烩豌豆

冬笋含有蛋白质、多种氨基酸、维生素，以及钙、磷、铁等微量元素，还含有丰富的纤维素，能促进肠道蠕动、有助于消化。冬笋是一种高蛋白、低淀粉食物，对肥胖症、冠心病、高血压和动脉硬化等患者有一定的食疗作用。

材料

冬笋	100 克	葱白	5 克
鲜香菇	40 克	盐	3 克
豌豆	50 克	鸡精	2 克
西红柿	70 克	淀粉	适量
生姜片	3 克	食用油	适量
蒜末	3 克		

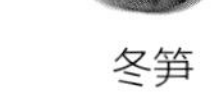
冬笋

香菇

豌豆

西红柿

小贴士

买回西红柿后，用抹布将其擦干净，放在阴凉通风处（果蒂向上），可保存 10 天左右。

制作指导

豌豆、冬笋应在大火沸水中焯熟，焯水的时间不宜过长，以保持食物的爽嫩口感。

做法演示

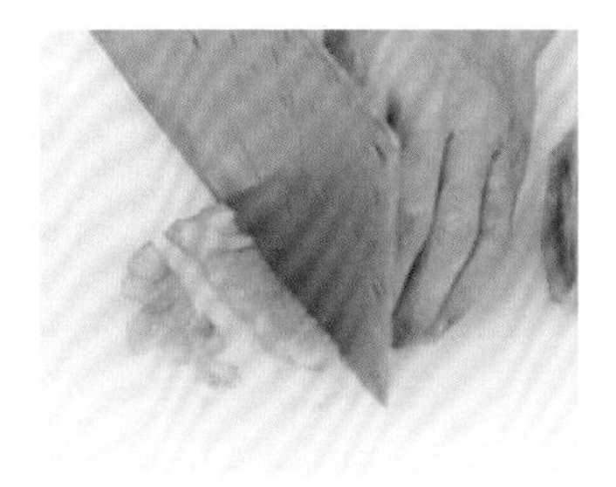
1. 将洗净去皮的西红柿切瓣，再改切成细丁。

2. 洗净的鲜香菇切丁。

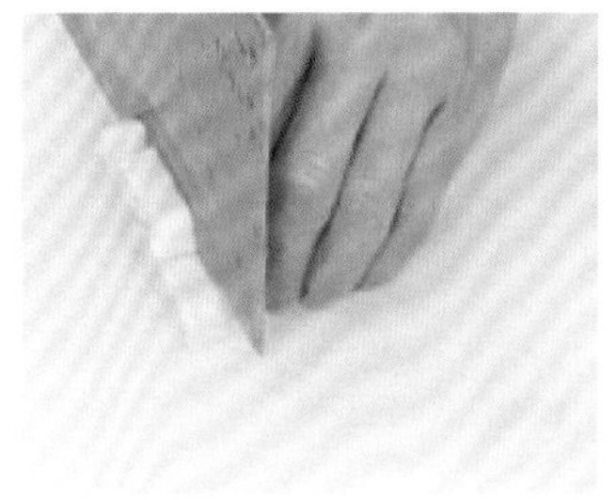
3. 洗净的冬笋切成丁。

4. 锅中加适量水、盐和食用油烧开，将豌豆、香菇、冬笋倒入，煮熟后捞出。

5. 油锅烧热，倒入蒜末、生姜片、葱白爆香。

6. 倒入焯水后的豌豆、香菇、冬笋炒香。

7. 加适量盐、鸡精，用少许淀粉加水勾芡。

8. 倒入西红柿炒匀。

9. 淋上熟油后，盛出即可。

口味 辣　人群 老年人　功效 降压降糖

豆豉蒜末莴笋片

莴笋中糖的含量非常低，但烟酸含量比较高，而烟酸被视为胰岛素的激活剂，因此莴笋非常适合糖尿病患者食用，可以起到较好的辅助食疗作用。莴笋还含有少量的碘元素，碘对人的情绪变化有重要影响。

材料

莴笋	300 克	鸡精	1 克
红椒片	40 克	盐	3 克
蒜末	15 克	淀粉	适量
豆豉	30 克	食用油	适量

莴笋

红椒

蒜末

豆豉

小贴士

莴笋肉质细嫩，不仅是营养丰富的食材，还具有一定的药用价值，经常食用有助于消除紧张情绪、帮助睡眠。

制作指导

莴笋片焯水时一定要注意时间和温度，焯的时间过长、温度过高会使莴笋片绵软，失去清脆的口感。

做法演示

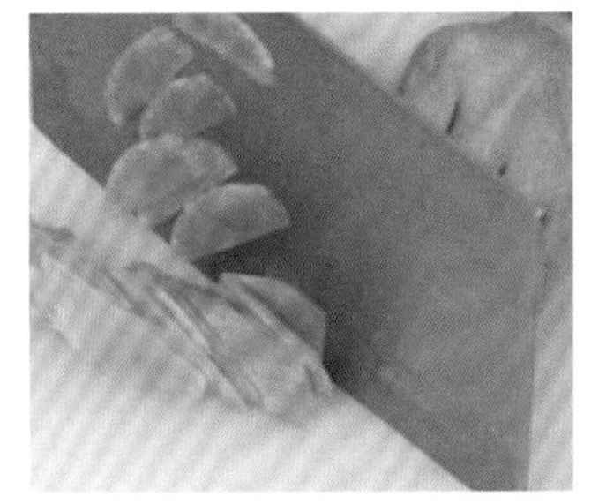
1. 将已去皮洗净的莴笋切成片。

2. 锅中注水烧开，加入适量盐、食用油拌匀，放入莴笋。

3. 煮沸后捞出莴笋。

4. 锅中注入食用油烧热，倒入蒜末、豆豉爆香。

5. 倒入莴笋片炒匀。

6. 再倒入红椒片，加入盐、鸡精炒匀。

7. 用少许淀粉加水勾芡。

8. 再淋入少许熟油拌匀。

9. 盛入盘内即可。

口味 苦　人群 一般人群　功效 瘦身排毒

菠萝炒苦瓜

菠萝富含多种维生素等人体所需营养素。菠萝富含 B 族维生素，能有效促进肌肤亮丽滋润，有一定的美容功效，还可以减肥。菠萝性平，具有解暑止渴、消食止泻的功效，可清热生津、利小便。

材料

苦瓜	300 克	小苏打	1 克
菠萝肉	150 克	白糖	2 克
红椒片	15 克	蚝油	5 毫升
蒜末	3 克	淀粉	适量
盐	3 克	食用油	适量
鸡精	1 克		

做法

1. 苦瓜洗净去除瓤籽，切片；菠萝肉洗净切片。
2. 锅中加清水烧开，加小苏打拌匀，倒入苦瓜。
3. 煮沸，捞出苦瓜。
4. 锅中注食用油烧热，倒入红椒片、蒜末爆香。
5. 倒入苦瓜、菠萝，炒约 1 分钟至熟。
6. 加入盐、鸡精、白糖、蚝油调味。
7. 用少许淀粉加水勾芡。
8. 淋入少许熟油拌匀。
9. 盛入盘内即可。

第二章

招牌畜肉菜

畜肉类是指猪、牛、羊等牲畜的肌肉、内脏及其制品，主要为人类提供蛋白质、脂肪、无机盐和维生素等营养成分。畜肉类食品经适当加工烹调后，不仅味道鲜美、饱腹感强，而且易于消化吸收。本章就为您介绍美味又营养的畜肉类菜式。

口味 酸　人群 一般人群　功效 开胃消食

鱼香肉丝

猪瘦肉含有蛋白质、脂肪、碳水化合物、多种维生素以及磷、钙、铁等矿物质，有滋阴润燥、补血养血的功效，对热病伤津、便秘、燥咳消渴等症有一定的食疗作用。猪瘦肉可提供人体所需的脂肪酸，经常食用可以辅助治疗缺铁性贫血。

材料

猪瘦肉	150 克	鸡精	1 克
黑木耳	40 克	生抽	3 毫升
冬笋	100 克	小苏打	1 克
胡萝卜丝	70 克	陈醋	5 毫升
蒜末	3 克	豆瓣酱	20 克
生姜片	3 克	盐	3 克
蒜苗梗	10 克	食用油	适量
料酒	5 毫升	淀粉	适量

小贴士

猪肉营养丰富，蛋白质含量高，还含有丰富的维生素 B_1 和锌等，是人们最常食用的动物性食物。

制作指导

黑木耳要洗净、去除杂质和沙粒；另外，鲜冬笋质地细嫩，不宜炒得过老。

做法演示

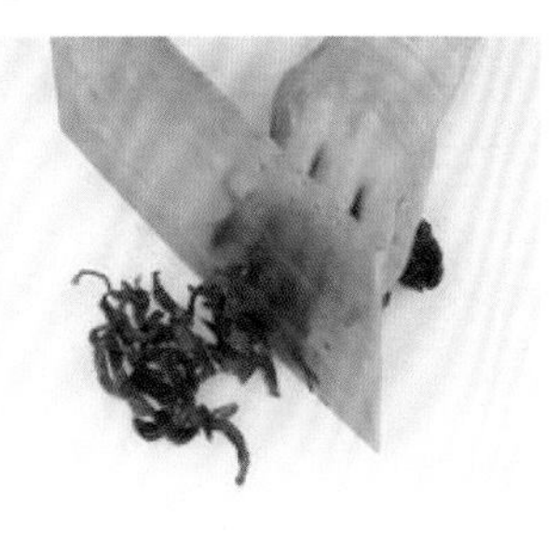

1. 把黑木耳泡发洗净，切成丝。

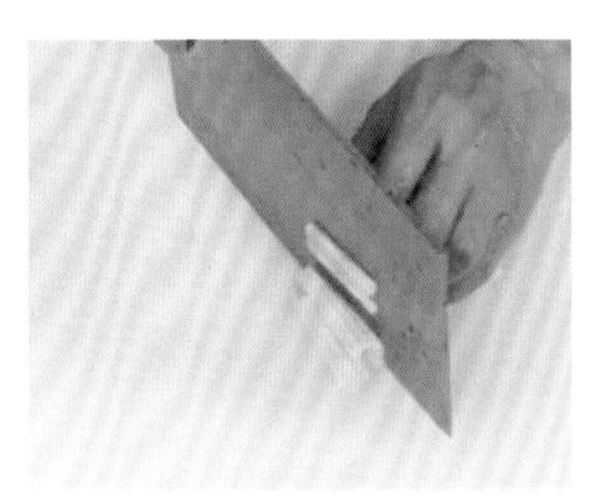

2. 洗净的冬笋先切片，再改切成丝。

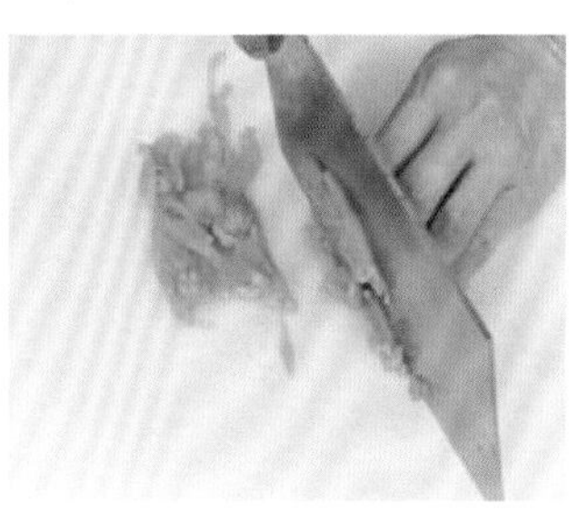

3. 洗净的猪瘦肉先切片，再改切成细丝。

4. 肉丝中加入盐、小苏打、淀粉、食用油拌匀，腌渍 10 分钟。

5. 将胡萝卜、冬笋、黑木耳放入热水锅中，焯熟后捞出。

6. 热锅注油，烧至四成热，放入肉丝，滑油至白色后捞出。

7. 锅留底油，倒入蒜末、生姜片、蒜苗梗爆香。

8. 倒入胡萝卜、冬笋、黑木耳、肉丝，加料酒炒匀。

9. 加入盐、鸡精、生抽、豆瓣酱、陈醋调味，用淀粉加水勾芡，装盘即可。

口味 咸　人群 老年人　功效 降血压

板栗红烧肉

板栗富含胡萝卜素，还含有丰富的不饱和脂肪酸、维生素、矿物质等营养成分，能防治高血压、冠心病、动脉硬化、骨质疏松等疾病，是抗衰老、延年益寿的食疗佳品。板栗含有维生素 B_2，常吃板栗对治疗小儿口舌生疮和成人口腔溃疡有益。

材料

猪肉	400 克	葱段	5 克
板栗	100 克	料酒	5 毫升
生姜片	3 克	老抽	5 毫升
蒜	3 克	糖色	适量
八角	3 克	食用油	适量
盐	3 克		

猪肉

板栗

蒜

盐

小贴士

板栗用开水泡一下，更易于剥壳。去壳后将板栗放入开水中浸泡，用筷子搅拌一下，板栗膜就很容易脱落了。

制作指导

猪肉最好选用肥瘦相间的，炒制时，要少放点油，利用猪肉本身的油脂炒菜味道更好。

做法演示

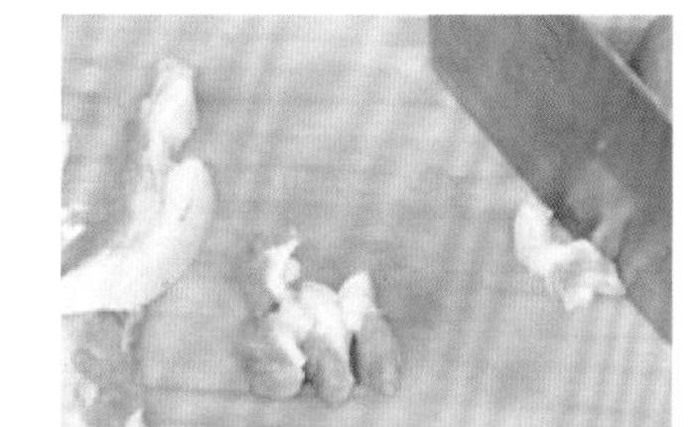
1. 将洗好的猪肉切块。

2. 热锅注入食用油，烧至四成热，倒入已去壳的板栗炸约2分钟，捞出。

3. 锅留底油，倒入猪肉，炒至出油。

4. 倒入洗好的八角、生姜片以及蒜。

5. 再倒入糖色炒匀，加料酒、盐、老抽快速拌炒均匀。

6. 倒入板栗，加入适量清水。

7. 加盖焖煮2分钟至入味。

8. 揭盖倒入葱段，翻炒均匀。

9. 装入盘内即可。

口味 苦　人群 女性　功效 清热解毒

苦瓜炒腊肉

苦瓜富含蛋白质、脂肪、碳水化合物，特别是维生素 C 的含量居瓜类蔬菜之冠。苦瓜还含有丰富的维生素及矿物质，经常食用能解疲乏、清热祛暑、明目解毒、益气壮阳、降低血压、降低血糖。

材料

苦瓜	200 克	鸡精	1 克
腊肉	100 克	白糖	2 克
红椒片	15 克	辣椒酱	5 克
蒜末	3 克	料酒	5 毫升
生姜片	3 克	小苏打	1 克
葱白	5 克	淀粉	适量
盐	1 克	食用油	适量

小贴士

苦瓜焯水时要用大火，快速过水，以保持苦瓜的鲜嫩；焯好水后快速过凉水，以保持苦瓜的翠绿颜色。

制作指导

腊肉本身已有咸味，所以在炒制的过程中要少放盐。

做法演示

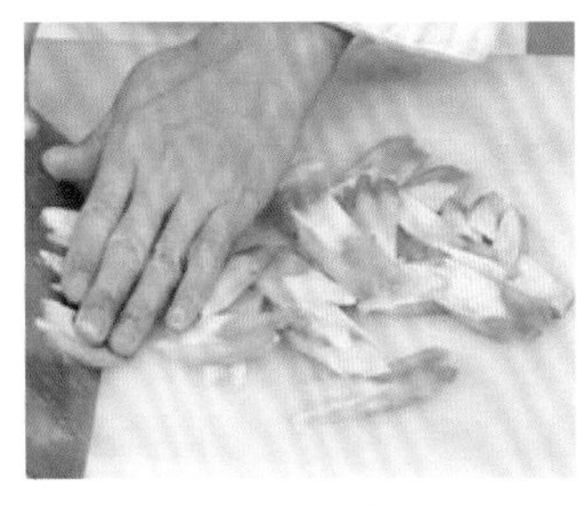

1. 将洗净的苦瓜切成片。

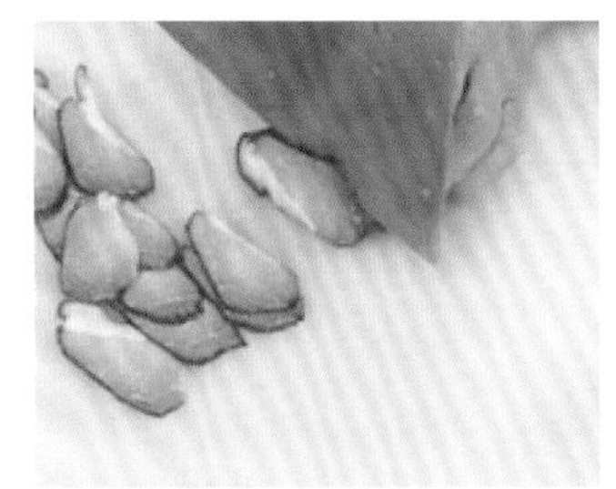

2. 将洗好的腊肉切片。

3. 锅中注入清水烧开，倒入腊肉，煮沸后捞出。

4. 往锅中加入小苏打，倒入苦瓜，煮沸后捞出。

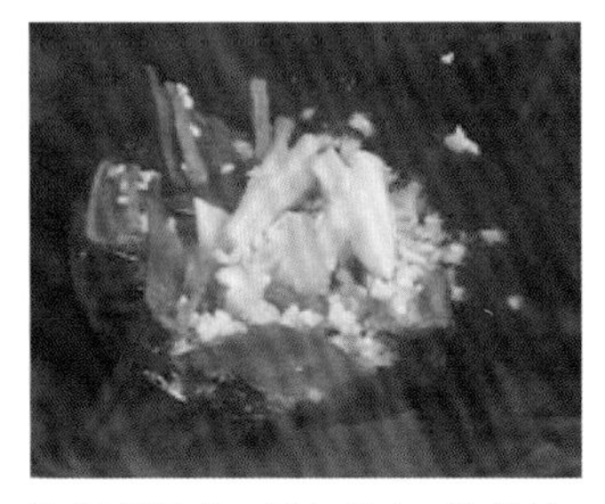

5. 油锅烧热，倒入蒜末、生姜片、葱白、红椒片。

6. 再倒入腊肉和苦瓜。

7. 加入盐、鸡精、白糖、辣椒酱、料酒，翻炒 1 分钟至熟透。

8. 用淀粉加水勾芡，淋入熟油拌匀。

9. 将做好的菜盛入盘内即可。

口味 鲜　人群 女性　功效 美容瘦身

荷兰豆炒香肠

荷兰豆营养价值很高，富含碳水化合物、胡萝卜素、维生素 A、维生素 C、维生素 B_1、维生素 B_2 和人体必需的多种氨基酸，且热量比其他豆类低，是一种美容瘦身的好食材，还具有和中益气、利小便、解疮毒、通乳及消肿的功效。

材料

荷兰豆	200 克	白糖	2 克
香肠	100 克	鸡精	1 克
生姜片	3 克	料酒	3 毫升
蒜片	3 克	淀粉	适量
红椒片	15 克	食用油	适量
盐	2 克		

荷兰豆　香肠　生姜　红椒

小贴士

为防止发生中毒，荷兰豆食用前要用沸水焯透或热油煸。荷兰豆焯水的时候放点油、盐，可以保持荷兰豆的口感和颜色。

制作指导

荷兰豆已经焯煮过，因此此菜炒制时间不可太长，以免影响其脆嫩的口感。

做法演示

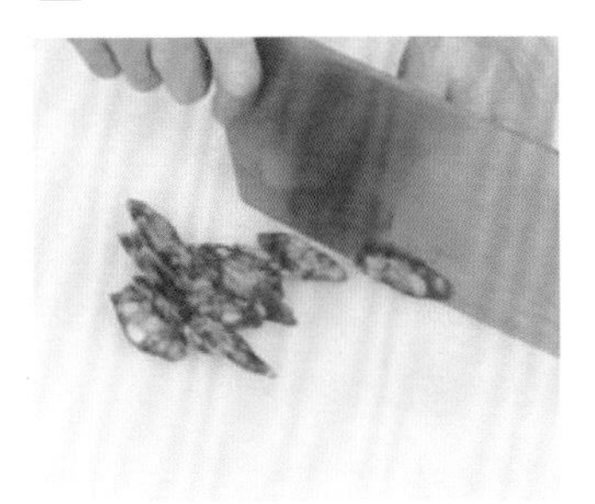

1. 将香肠切成片。

2. 清水锅中加少许食用油，倒入荷兰豆焯片刻，捞出。

3. 热油锅中倒入香肠，炸至暗红色捞出。

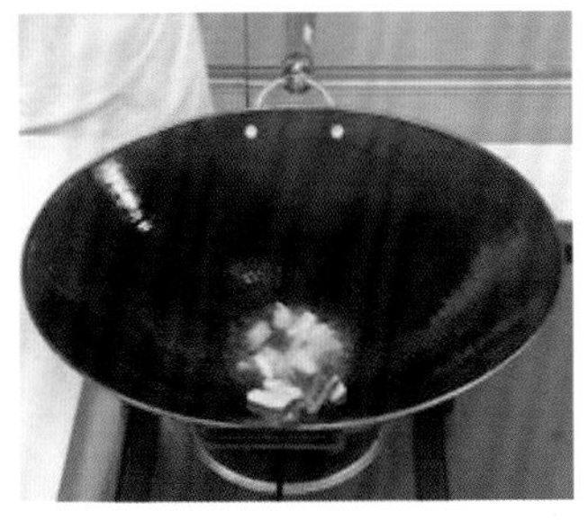

4. 锅留底油，倒入生姜片、蒜片、红椒片爆香。

5. 倒入荷兰豆、香肠。

6. 加盐、鸡精、白糖、料酒，炒至入味。

7. 用少许淀粉加水勾芡。

8. 加少许熟油炒匀。

9. 盛入盘中即可。

口味 咸香　人群 女性　功效 美容养颜

彩椒炒猪皮

猪皮含有丰富的胶原蛋白质，在烹饪过程中会转化为明胶，明胶能有效改善皮肤组织细胞的储水功能，防止皮肤过早出现褶皱，从而延缓皮肤的衰老过程。经常食用猪皮可滋养皮肤，它是女性的美容佳品。

材料

猪皮	200 克	鸡精	1 克
青椒	40 克	老抽	3 毫升
彩椒	15 克	料酒	3 毫升
蒜末	3 克	淀粉	适量
盐	2 克	食用油	适量
白糖	1 克		

猪皮

青椒

蒜

白糖

小贴士

彩椒的椒类碱能够促进脂肪的新陈代谢，防止体内脂肪积存，比较适合女性和具有肥胖体征的人群食用。

制作指导

彩椒营养丰富，想更多地保留营养成分，可在最后加入彩椒。

做法演示

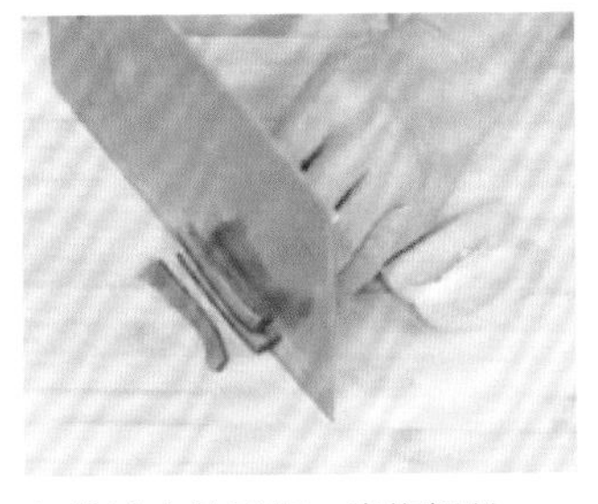
1. 将洗净的彩椒、青椒切丝。

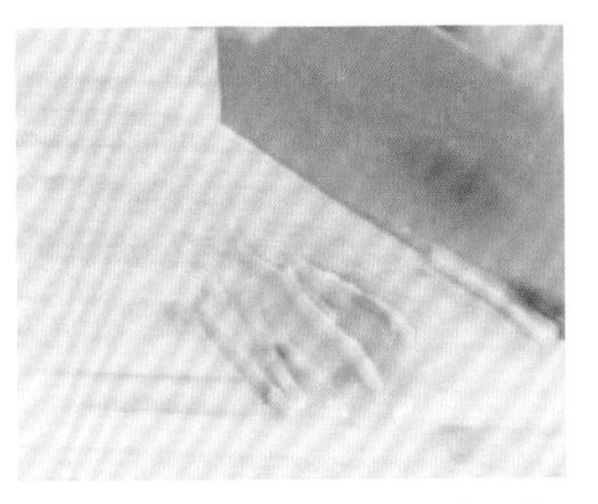
2. 把煮好的猪皮切去肥肉，切成丝，装入盘中。

3. 加老抽抓匀，腌渍片刻。

4. 锅中注入食用油烧热，倒入肉皮滑油片刻，捞出。

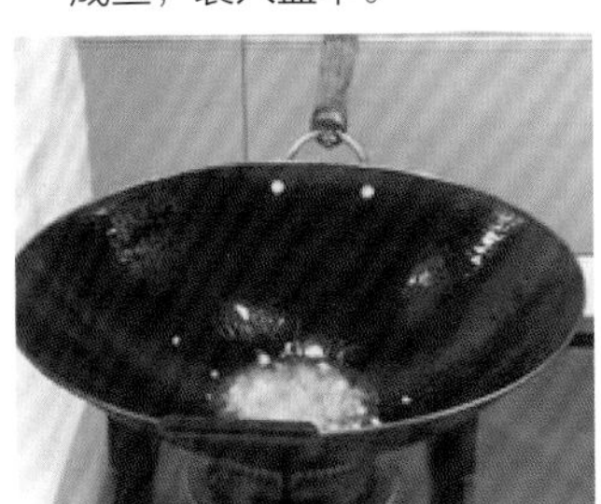
5. 锅留底油，放入蒜末煸香。

6. 倒入青椒和彩椒炒匀。

7. 倒入肉皮，加料酒炒片刻。

8. 加盐、鸡精、白糖，翻炒入味。

9. 用淀粉加水勾芡，翻炒均匀，装盘即可。

口味 酸甜　人群 一般人群　功效 增强免疫力

菠萝炒排骨

排骨营养价值很高，除含有蛋白质、脂肪、维生素外，还含有大量磷酸钙、骨胶原、骨黏蛋白等，具有滋阴壮阳、益精补血、强壮体格的功效，尤其适宜儿童和老年人补充钙质。

材料

排骨	200 克	吉士粉	2 克
菠萝丁	150 克	白糖	2 克
番茄汁	30 毫升	淀粉	3 克
青椒片	10 克	盐	3 克
红椒片	10 克	面粉	适量
葱段	5 克	食用油	适量
蒜末	3 克		

小贴士

优质菠萝的果实呈圆柱形、大小均匀适中、果形端正、芽眼数量少，成熟度好的菠萝表皮呈淡黄色或亮黄色。

制作指导

排骨入油锅炸制时，油温不宜过高，一般是中油温投入，小火浸炸至熟。

做法演示

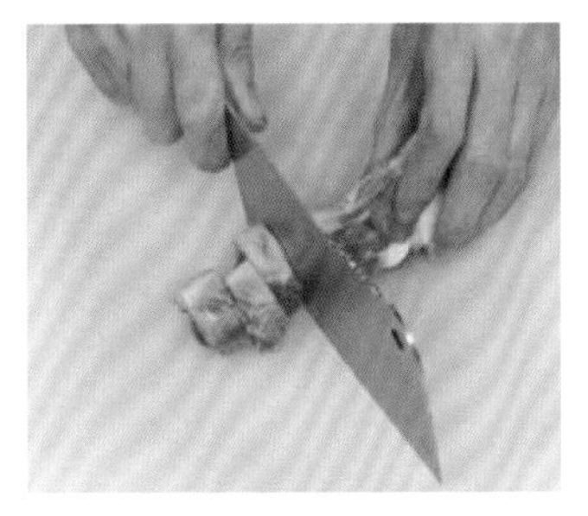

1. 将洗净的排骨斩段。

2. 加适量盐、吉士粉拌匀，再裹上面粉，腌渍 10 分钟。

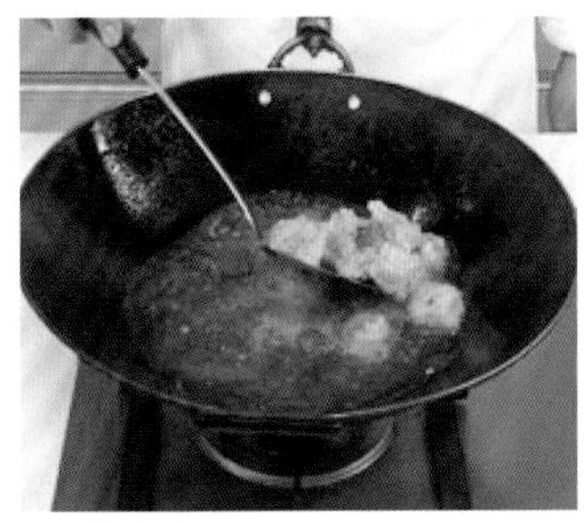

3. 锅置大火上，注入食用油烧热，放入排骨拌匀。

4. 炸约 4 分钟至金黄色且熟透，捞出。

5. 另起油锅，放入葱段、蒜末、青椒片、红椒片爆香。

6. 加入少许清水，倒入菠萝肉炒匀。

7. 倒入番茄汁拌匀，加白糖和少许盐调味。

8. 倒入炸好的排骨，用淀粉加水勾芡，炒匀。

9. 淋入少许熟油，装盘即可。

口味 清淡　人群 一般人群　功效 增强免疫力

芋头蒸排骨

芋头中含有丰富的黏液皂素及多种微量元素，可帮助机体纠正因微量元素缺乏导致的生理异常。它所含有的黏液蛋白被人体吸收后，能产生免疫球蛋白，可提高机体的抵抗力；所含有的膳食纤维、B 族维生素能增进食欲、帮助消化。

材料

芋头	150 克	生姜末	3 克
排骨	200 克	白糖	2 克
水发香菇	15 克	料酒	5 毫升
盐	3 克	豉油	适量
鸡精	1 克	食用油	适量
葱末	5 克		

排骨

香菇

葱末

生姜

小贴士

将带皮的芋头装进小口袋里（装半袋），用手抓住袋口，将袋子在地上摔几下，再把芋头倒出，芋头皮便容易脱下。

制作指导

排骨上蒸锅前，可先用少许干淀粉拌匀，能很好地保持排骨内部的水分，使其肉质更滑嫩。

做法演示

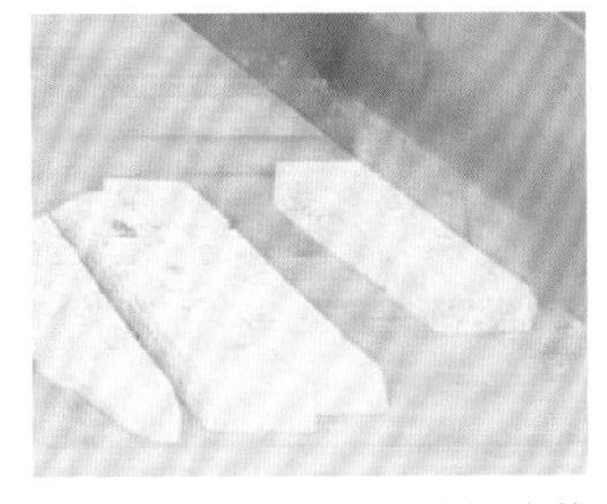
1. 将已去皮洗净的芋头切成菱形块。

2. 把洗好的排骨斩成段，装入碗中。

3. 加盐、鸡精、白糖、料酒、生姜末、葱末拌匀，腌渍 10 分钟。

4. 锅中倒入食用油烧热，放入芋头，小火炸约 2 分钟至熟。

5. 捞出芋头，装入盘中。

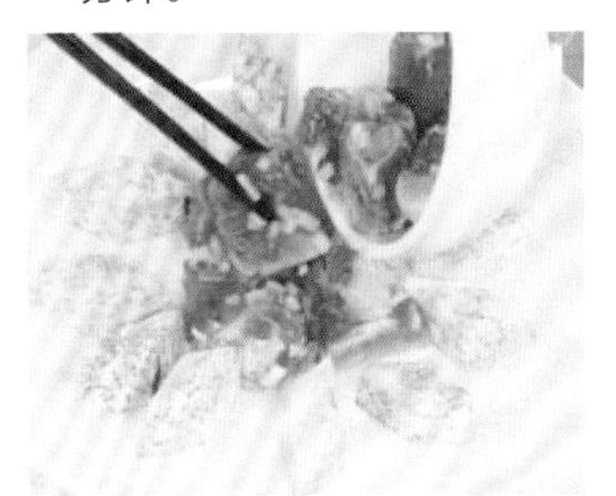
6. 将腌好的排骨放入装有芋头的盘中间。

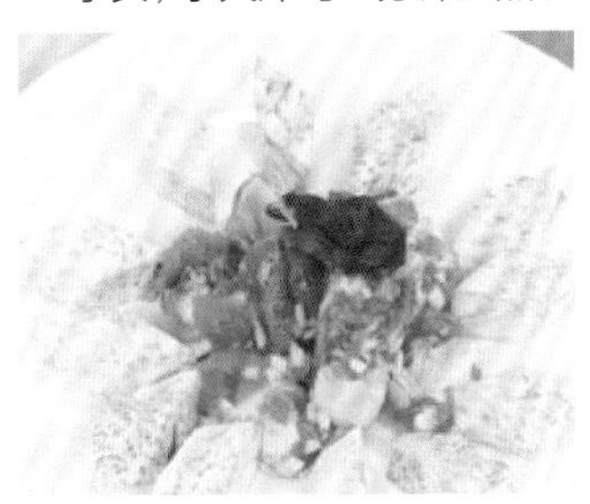
7. 水发香菇洗净，置于排骨上，放入蒸锅。

8. 加盖，以中火蒸约 15 分钟至排骨酥软。

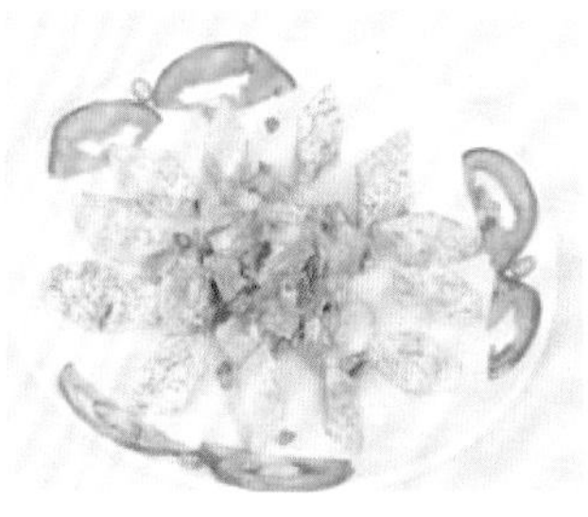
9. 取出，淋上少许豉油即可。

口味 辣　人群 女性　功效 美容养颜

红烧猪蹄

猪蹄营养丰富，含有胶原蛋白质、维生素和钙、磷、铁等营养物质，具有补虚弱、填肾精等功能。经常食用，对四肢疲乏、腿部抽筋麻木、消化道出血等失血性疾病有一定的食疗功效，并可改善全身的微循环，从而使冠心病和缺血性脑病得以改善。

材料

猪蹄	300 克	水发香菇	30 克
西蓝花	150 克	盐	4 克
干辣椒	5 克	鸡精	2 克
生姜片	10 克	白糖	5 克
蒜	6 克	蚝油	5 毫升
八角	5 克	辣椒油	5 毫升
桂皮	5 克	淀粉	适量
红曲米	5 克	糖色	适量
香菜	5 克	食用油	适量

小贴士

西蓝花虽然营养丰富，但常有残留的农药，还容易生菜虫，所以在吃之前，可将西蓝花放在盐水里浸泡几分钟。

制作指导

猪蹄倒入热油锅中后，应立即盖上锅盖，以免油花飞溅造成烫伤。

做法演示

1. 猪蹄放入热水中，汆煮断生后捞出。

2. 红曲米压碎，加清水、糖色调匀，淋在猪蹄上上色。

3. 西蓝花洗净，切瓣。

4. 锅中注入食用油烧热，放入猪蹄后立即盖上锅盖，炸 1 分钟后捞出。

5. 锅留底油，放入蒜煸香。

6. 倒入干辣椒、生姜片、八角、桂皮、水发香菇炒香。

7. 倒入猪蹄，加适量清水，慢火焖约 40 分钟至猪蹄熟烂。

8. 加盐、鸡精、白糖、蚝油拌匀，焖 5 分钟。

9. 用淀粉加水勾芡，加入辣椒油，放入香菜和烫熟的西蓝花即可。

口味 辣　人群 一般人群　功效 增加免疫力

尖椒烧猪尾

猪尾含有较多的蛋白质，具有补阴填髓的效果，可改善腰酸背痛，预防骨质疏松。青少年常食猪尾，可促进骨骼发育。中老年人常食猪尾，可延缓骨质老化、疏松。总之，猪尾是老少皆宜的佳品。

材料

猪尾	300 克	鸡精	1 克
青尖椒片	60 克	盐	3 克
红尖椒片	60 克	白糖	2 克
生姜片	3 克	料酒	适量
蒜末	3 克	淀粉	适量
葱白	5 克	辣椒酱	适量
蚝油	5 毫升	食用油	适量
老抽	3 毫升		

小贴士

辣椒的果皮及胎座组织中含有丰富的辣椒素及维生素 A、维生素 C，能增强人的体力，缓解工作和生活压力。

制作指导

猪尾的胶质较重，在焖时水要一次性加足，这样焖出来的猪尾味道就很浓很正。

做法演示

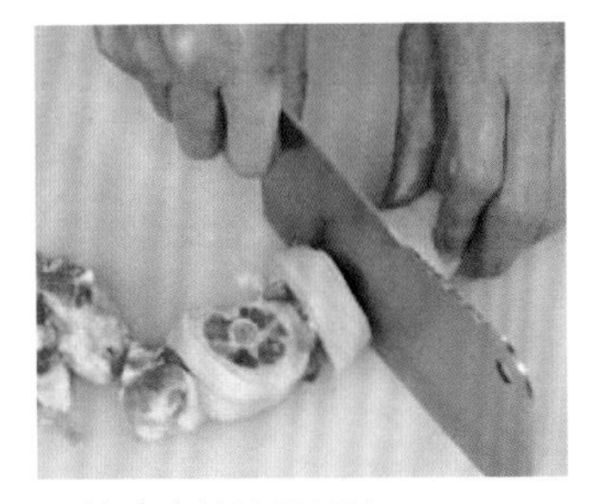

1. 将洗净的猪尾斩块。

2. 锅中加水，加入适量料酒烧开，倒入猪尾，汆至断生捞出。

3. 油锅烧热，放入生姜片、蒜末、葱白煸香。

4. 放入猪尾，加入适量料酒炒匀，倒入蚝油、老抽炒匀。

5. 加入少许清水，加盖用小火焖煮 15 分钟。

6. 揭盖，加入辣椒酱拌匀，焖煮片刻。

7. 加入鸡精、盐、白糖炒匀调味。

8. 倒入青尖椒片、红尖椒片炒匀。

9. 用淀粉加水勾芡，淋入熟油，出锅即可。

口味 鲜　人群 儿童　功效 益气补血

胡萝卜炒猪肝

猪肝含有丰富的铁质、蛋白质、维生素A、卵磷脂和微量元素，是理想的补血食物，经常食用猪肝，对儿童的智力和身体发育有促进作用，还可以保护眼睛、维持正常视力，有防止眼睛干涩、疲劳的作用。

材料

胡萝卜	150克	鸡精	3克
猪肝	200克	蚝油	5毫升
青椒片	15克	盐	4克
红椒片	15克	料酒	适量
蒜末	3克	淀粉	适量
葱白	5克	食用油	适量
生姜末	3克		

小贴士

选购时要注意，新鲜的猪肝颜色呈褐色或紫色，有光泽，其表面或切面没有水泡，用手接触可感觉很有弹性。

制作指导

烹制猪肝前，先将其冲洗干净再剥去薄皮，加适量牛乳浸泡几分钟，成菜更美味。

做法演示

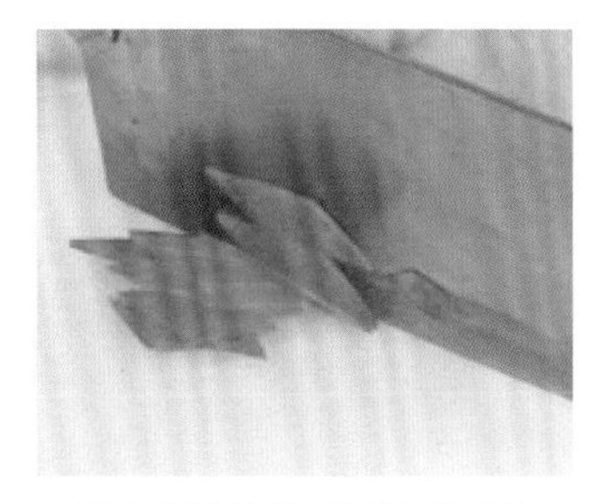

1. 把去皮洗净的胡萝卜切成片。

2. 洗净的猪肝切片，加适量盐、料酒、淀粉、食用油拌匀，腌渍10分钟。

3. 锅中加清水烧开，加适量盐、食用油。

4. 倒入胡萝卜，煮沸后捞出。

5. 倒入猪肝，汆片刻后捞出。

6. 油锅烧热，倒入生姜末、蒜末、青椒片、红椒片、葱白爆香。

7. 放入猪肝和适量料酒炒匀，倒入胡萝卜。

8. 加适量盐、鸡精、蚝油炒匀。

9. 用少许淀粉加水勾芡，淋少许熟油，装盘即可。

口味 酸　人群 老年人　功效 健肾补腰

酸辣腰花

猪腰含有蛋白质、脂肪、碳水化合物、钙、磷、铁和维生素等营养成分，有健肾补腰、和肾理气的功效。中医讲究“以脏补脏”，因此建议每周吃一次动物肾脏。老年人适量食用动物肾脏，有强身抗衰的功效。

材料

猪腰	200 克	料酒	5 毫升
蒜末	3 克	陈醋	5 毫升
青椒粒	10 克	白糖	2 克
红椒粒	10 克	盐	4 克
葱花	10 克	淀粉	适量
鸡精	2 克	辣椒油	适量

小贴士

注意猪腰要新鲜，且宜现买现用；如果觉得清洗猪腰麻烦，也可以直接买市场上卤好的猪腰代替。

制作指导

猪腰的腥味较重，所以在制作之前一定不要省略去腥的步骤，以免影响整道菜的味道。

做法演示

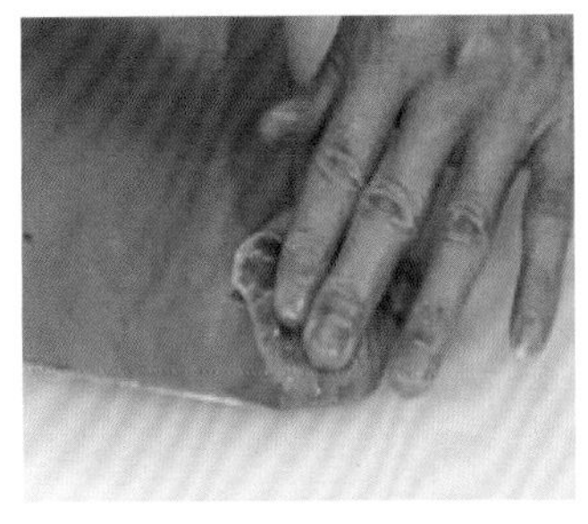

1. 将洗净的猪腰对半切开，切去筋膜。

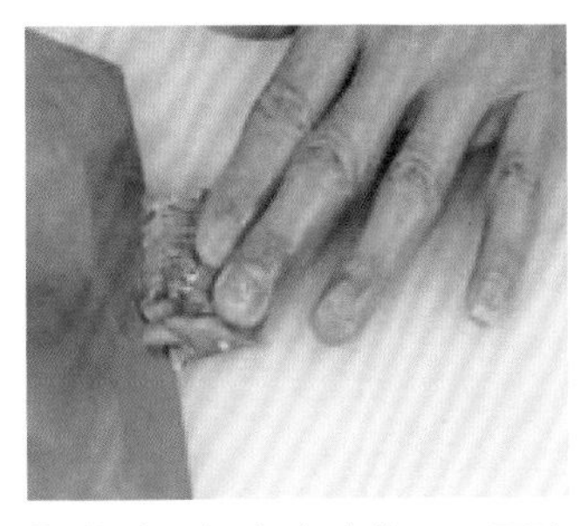

2. 将猪腰切上麦穗花刀，再改切成片，装碗备用。

3. 加适量盐、料酒、淀粉拌匀，腌渍 10 分钟。

4. 锅中加清水煮开，倒入腰花拌匀。

5. 煮约 1 分钟至熟，捞出放入碗中备用。

6. 加入适量盐、鸡精，再加辣椒油、陈醋。

7. 最后加白糖、蒜末、葱花、青椒粒、红椒粒。

8. 将腰花和调料拌匀。

9. 将拌好的腰花装盘即可。

口味 辣　人群 一般人群　功效 开胃消食

蒜苗炒猪血

猪血富含多种氨基酸，而且还含有铁、铜、锌、钙等多种人体必需的微量元素，对动脉硬化、冠心病、贫血等症有很好的防治作用。猪血还具有利肠通便作用，尤其适合消化不良者食用。

材料

蒜苗	100 克	盐	3 克
猪血	150 克	鸡精	2 克
干辣椒	5 克	淀粉	适量
生姜片	3 克	食用油	适量
蒜末	3 克	辣椒酱	适量

蒜苗　猪血　干辣椒　生姜

小贴士

买回来的猪血在食用之前，放开水里烫一下，能去除腥味。炒猪血时，应该用大火，还可辅以少许料酒去腥。

制作指导

炒猪血时尽量减少翻炒的频率，以免将猪血铲碎，影响成品外观。

做法演示

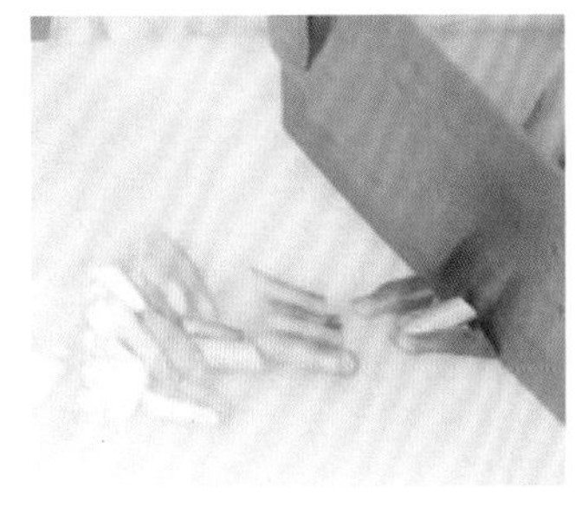

1. 将洗净的蒜苗切成约 3 厘米长的段。

2. 猪血洗净切成小方块。

3. 将猪血倒入热开水中，浸泡 4 分钟。

4. 将泡好的猪血捞出，装入另一个碗，加少许盐拌匀。

5. 油锅烧热，入干辣椒、生姜片、蒜末、蒜苗梗炒香。

6. 加少许清水，加辣椒酱、盐、鸡精炒匀。

7. 倒入猪血，煮约 2 分钟至熟，倒入蒜苗叶炒匀。

8. 用淀粉加水勾芡，再加少许熟油翻炒均匀。

9. 盛出装盘即可。

口味 辣　人群 男性　功效 益气补血

泡椒炒肥肠

肥肠含有人体必需的钠、锌、钙、蛋白质、脂肪及胆固醇等营养成分，有润肠、补虚、止血之功效，可辅助治疗虚弱、口渴、痔疮、便秘等症，尤其适用于消化系统疾病患者。因肥肠的胆固醇含量高，高血压、高脂血症以及心脑血管疾病等患者不宜多吃。

材料

熟大肠	300 克	盐	3 克
灯笼泡椒	60 克	鸡精	3 克
蒜苗梗	30 克	老抽	3 毫升
干辣椒	5 克	白糖	2 克
生姜片	3 克	料酒	5 毫升
蒜末	3 克	淀粉	适量
葱白	5 克	食用油	适量

小贴士

泡椒味道极美极鲜，做配菜食用可以增进食欲，帮助消化与吸收。

制作指导

大肠可以用醋浸泡一会儿，去其腥味。

做法演示

1. 将洗净的蒜苗梗切成 2 厘米的长段。

2. 灯笼泡椒洗净对半切开。

3. 将熟大肠洗净切成块。

4. 油锅烧热，倒入生姜片、蒜末、葱白爆香。

5. 倒入切好的肥肠和干辣椒，炒匀。

6. 加老抽、料酒炒香，去腥。

7. 倒入准备好的灯笼泡椒和蒜苗梗炒匀。

8. 加盐、白糖、鸡精炒匀调味。

9. 用淀粉加水勾芡，加少许熟油炒匀，装盘即可。

口味 辣　人群 女性　功效 开胃消食

酱烧猪舌

猪舌含有丰富的蛋白质、碳水化合物、维生素 A、烟酸、铁、硒等营养素，有滋阴润燥的功效，尤其适宜女性食用。猪舌的胆固醇含量较高，所以，胆固醇偏高的人不宜食用。

材料

熟猪舌	300 克	鸡精	1 克
蒜苗梗	20 克	白糖	2 克
蒜苗叶	20 克	料酒	5 毫升
生姜片	3 克	蚝油	5 毫升
干辣椒	3 克	食用油	适量
盐	2 克		

熟猪舌

蒜苗

生姜

干辣椒

小贴士

选购猪舌时要挑舌心大一点的。猪舌在烹饪前一定要刮净舌苔，可用沸水先烫一下，再用小刀刮净。

制作指导

猪舌下锅炒制的时间不宜太长，应急火快炒，以保证猪舌鲜嫩的口感。

做法演示

1. 将洗净的熟猪舌切片。

2. 将切好的熟猪舌装入盘中。

3. 热锅注入食用油，入生姜片、蒜苗梗和干辣椒，爆香。

4. 倒入熟猪舌。

5. 加入料酒拌炒片刻。

5. 加入蚝油翻炒均匀。

7. 倒入蒜苗叶，拌炒均匀。

8. 加入盐、鸡精、白糖，快速炒匀使其入味。

9. 盛出装盘即可。

口味 辣　人群 一般人群　功效 增强免疫力

陈皮牛肉

牛肉属高蛋白、低脂肪的食物，富含多种氨基酸和矿物质，具有消化、吸收率高的特点。牛肉含有丰富的维生素 B_6，食之可增强免疫力、促进蛋白质的新陈代谢和合成，从而有助于紧张训练后身体的恢复，很适合体力透支者食用。

材料

牛肉	350 克	小苏打	1 克
陈皮	20 克	生抽	5 毫升
蒜苗梗	30 克	蚝油	5 毫升
蒜苗叶	30 克	白糖	2 克
红椒片	25 克	料酒	5 毫升
生姜片	5 克	盐	3 克
蒜末	5 克	辣椒酱	适量
葱白	20 克	食用油	适量
鸡精	1 克	淀粉	适量

小贴士

新鲜牛肉有光泽，肌肉色红均匀；肉的表面微干或湿润，不黏手。牛肉不易熟烂，烹饪时放少许山楂、陈皮或茶叶有利于熟烂。

制作指导

由于牛肉已用淀粉腌渍过，下锅炒时极易粘锅，可加适量清水炒散、炒匀。

做法演示

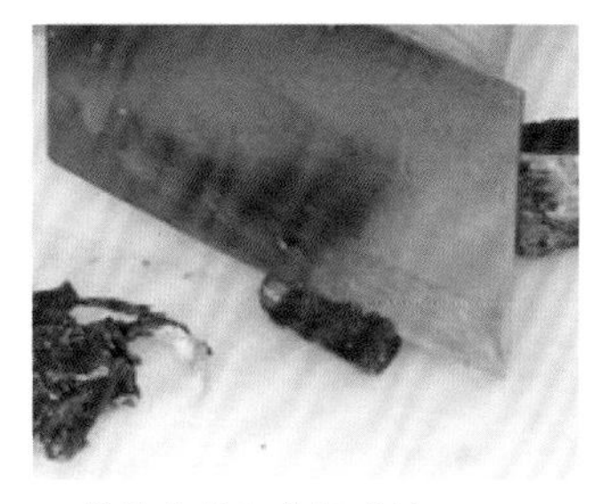

1. 将洗净的牛肉切成片。

2. 加入适量盐、小苏打、生抽、食用油拌匀，腌渍 10 分钟。

3. 热锅注入食用油，烧五成热，放入牛肉片，滑油后捞出。

4. 锅留底油，倒入生姜片、蒜末、葱白爆香。

5. 倒入陈皮、红椒片、蒜苗梗炒香。

6. 倒入牛肉片，加入适量盐、蚝油、鸡精、白糖。

7. 再放入料酒、辣椒酱，翻炒约 1 分钟至入味。

8. 用少许淀粉加水勾芡。

9. 撒上蒜苗叶，淋入少许熟油炒匀，装盘即可。

口味 鲜 人群 一般人群 功效 增强免疫力

西红柿炒牛腩

牛肉中含有丰富的蛋白质，氨基酸组成比猪肉更接近人体需要，可以有效地提高机体抵抗力，对生长发育及术后或病后需要调养的人在补充失血、修复组织等方面比较有益，冬季吃牛肉更可以达到暖胃的效果。

材料

西红柿	200 克	料酒	5 毫升
熟牛腩	250 克	生抽	3 毫升
生姜片	3 克	白糖	2 克
蒜末	3 克	淀粉	适量
葱白	10 克	番茄酱	适量
葱花	5 克	香油	适量
盐	3 克	食用油	适量

小贴士

番茄红素有很强的抗氧化作用，可有效地预防和辅助治疗心血管疾病，降低心血管疾病的发生概率。

制作指导

牛肉不易煮烂，烧煮牛肉时放一点糖，可使牛肉较快酥烂。

做法演示

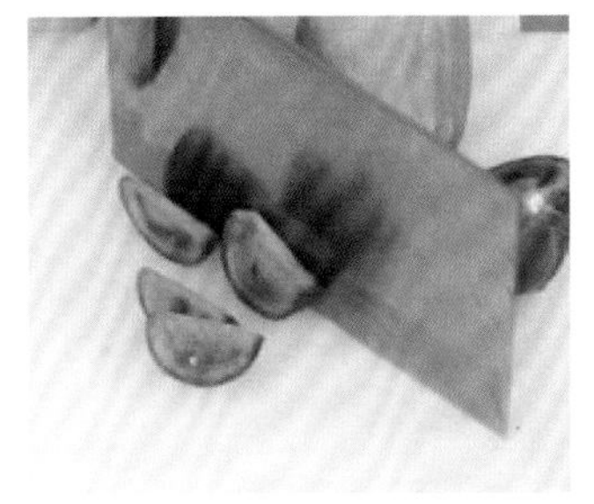

1. 将洗净的西红柿切成块。

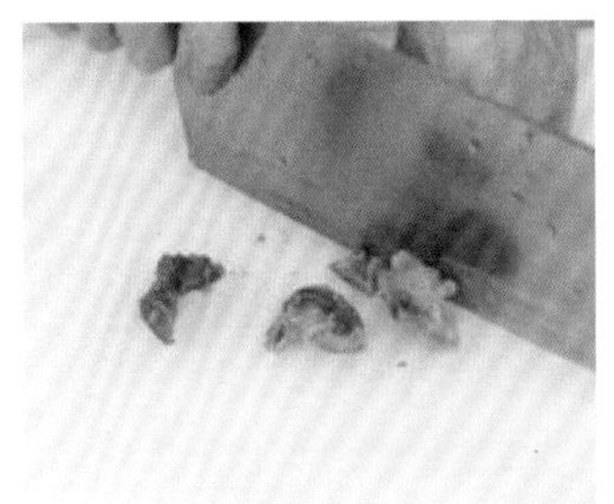

2. 熟牛腩洗净切块。

3. 锅中注入食用油烧热，入生姜片、蒜末、葱白爆香。

4. 倒入牛腩炒匀，淋入料酒和生抽炒香。

5. 加入西红柿翻炒均匀。

6. 倒入番茄酱，加盐、白糖，加少许清水炒至入味。

7. 用少许淀粉加水勾芡。

8. 淋入少许熟油、香油炒匀。

9. 将做好的菜盛入盘内，撒上葱花即可。

口味 鲜　人群 一般人群　功效 增强免疫力

香芹炒牛肚

香芹既可热炒，又能凉拌，深受人们的喜爱。香芹营养丰富，含有丰富的铁、锌等营养素，不仅有平肝降压、安神镇静、利尿消肿、增进食欲的作用，还可以增强人体的抵抗力。

材料

香芹	120克	蚝油	5毫升
熟牛肚	200克	料酒	3毫升
红椒	15克	淀粉	适量
盐	2克	食用油	适量
鸡精	1克		

香芹

牛肚 红椒

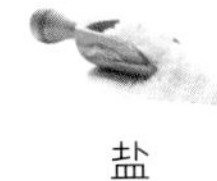
盐

小贴士

熟牛肚可用碱水和醋清洗，去除其腥味。炒制时加点酱油和辣椒油，颜色看上去更漂亮，菜肴味道更好。

制作指导

香芹易熟，所以炒制的时间不要太长，否则成菜口感不脆嫩。

做法演示

1. 将洗好的香芹切段。

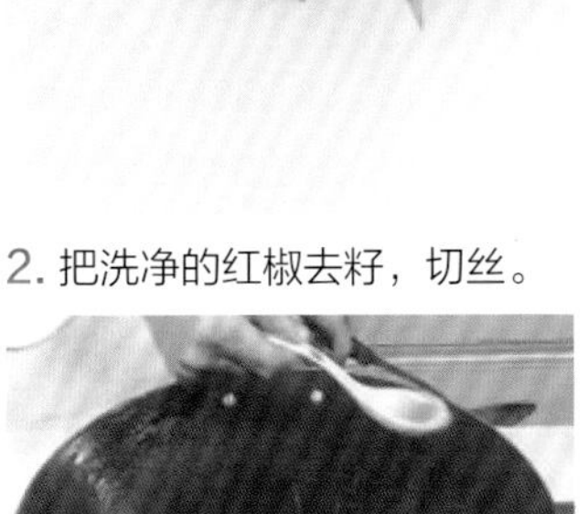
2. 把洗净的红椒去籽，切丝。

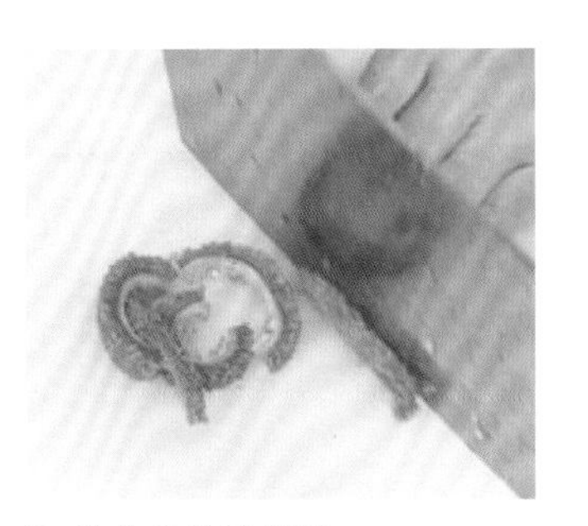
3. 熟牛肚洗净切丝。

4. 锅置大火，注入食用油烧热，倒入牛肚。

5. 加入料酒炒香。

6. 倒入香芹、红椒丝，加鸡精、盐翻炒1分钟。

7. 加入蚝油炒匀，用少许淀粉加水勾芡。

8. 淋入熟油拌匀。

9. 盛入盘内即可。

口味 鲜　人群 老年人　功效 降血脂

蒜薹炒羊肉

蒜薹含有糖类、粗纤维、胡萝卜素、维生素 A、维生素 B_2、维生素 C、烟酸、钙、磷等营养成分，其中含有的粗纤维可预防便秘。蒜薹中含有丰富的维生素 C，具有明显的降血脂及预防冠心病和动脉硬化的作用，并可预防血栓。

材料

蒜薹	200 克	白糖	2 克
羊肉	150 克	料酒	3 毫升
洋葱丝	30 克	盐	3 克
鸡精	1 克	淀粉	适量
生抽	3 毫升	食用油	适量

蒜薹

羊肉

洋葱

盐

小贴士

要选用色泽鲜红且均匀、有光泽、肉质细而紧密，有弹性的羊肉，本菜不适合感冒发热、高血压、肝病患者食用。

制作指导

羊肉中加入适量盐、生姜、蒜、料酒腌渍 10~15 分钟，不仅能使其完全入味，还能去除膻味。

做法演示

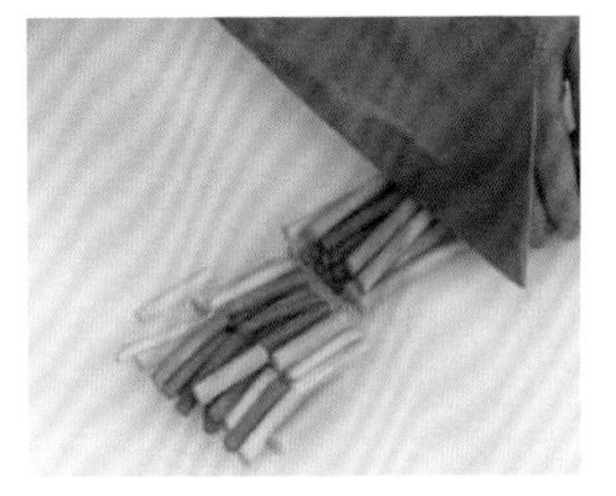
1. 将洗净的蒜薹切段。

2. 洗净的羊肉切片。

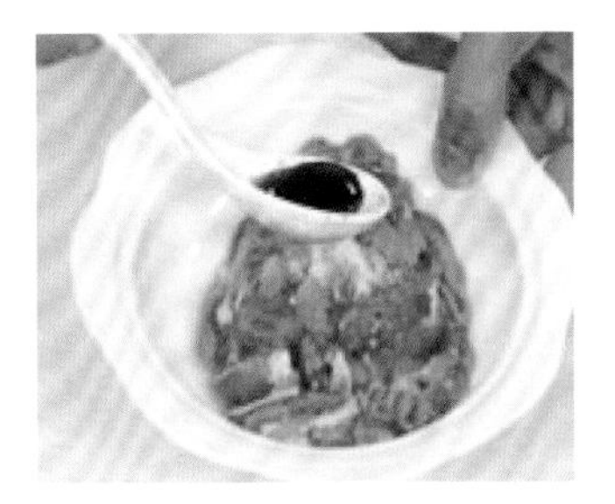
3. 羊肉片加适量盐、生抽、淀粉、食用油抓匀，腌渍 10 分钟。

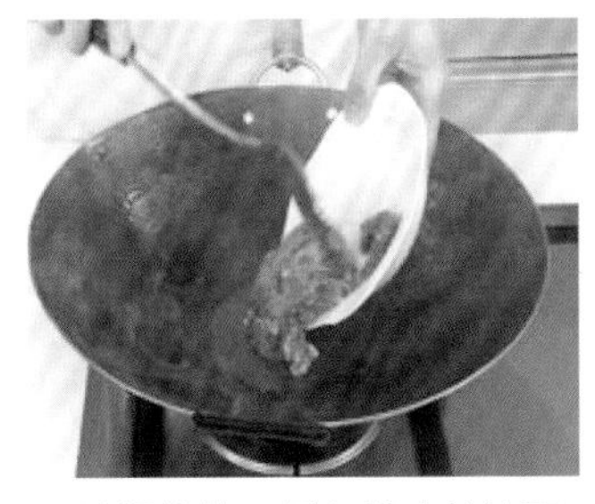
4. 油锅烧热，倒入羊肉片炒至断生。

5. 倒入蒜薹炒熟。

6. 加适量盐、鸡精、白糖炒至入味。

7. 加料酒炒匀，用少许淀粉加水勾芡。

8. 倒入洋葱丝炒匀。

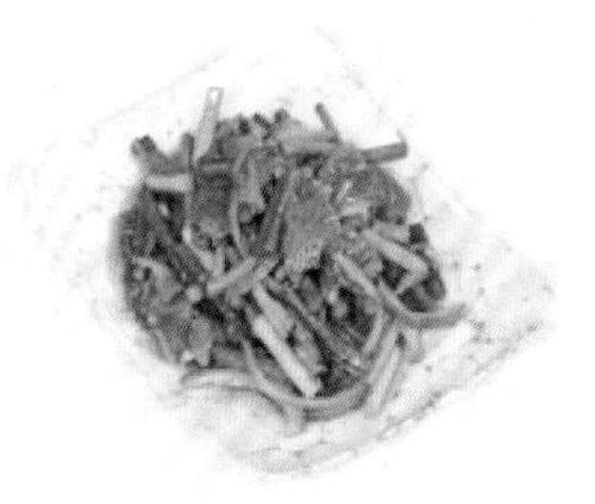
9. 盛入盘中即可。

口味 辣　人群 一般人群　功效 保肝护肾

辣子羊排

羊排含有蛋白质、脂肪、糖类、维生素 A、维生素 C 等营养成分，具有补肾壮阳、暖中祛寒、温补气血、开胃健脾的功效。羊排属于高热量肉食，有发热、牙痛等上火症状的患者不宜食用。

材料

卤羊排	500 克	鸡精	1 克
朝天椒末	40 克	生抽	5 毫升
熟白芝麻	3 克	料酒	5 毫升
生姜片	5 克	辣椒油	5 毫升
葱白	5 克	花椒油	5 毫升
葱叶	5 克	淀粉	适量
花椒	15 克	食用油	适量
盐	5 克		

做法

1. 卤羊排洗净斩块，放入碗中。
2. 加适量淀粉、生抽抓匀，腌渍 10 分钟。
3. 热锅注入食用油，入羊排炸 1 ~ 2 分钟至表皮呈金黄色，捞出。
4. 锅留底油，倒入葱白、生姜片。
5. 再放入花椒、朝天椒末爆香。
6. 倒入卤羊排，翻炒约 3 分钟至熟。
7. 加入盐、鸡精，倒入料酒。
8. 再淋入辣椒油、花椒油炒匀。
9. 撒入葱叶，盛入盘中，撒入熟白芝麻即可。

第三章

招牌禽蛋菜

禽肉的蛋白质含量较高，而且属于完全蛋白质，富含人体必需的各种氨基酸，易于被人体吸收。而蛋类则含有丰富的蛋白质和卵磷脂，是食物中优质蛋白质的理想来源。接下来我们给大家介绍一些禽蛋类的美味菜式，做法简单，总有一款合您的口味。

口味 辣　人群 一般人群　功效 增强免疫力

辣子鸡丁

鸡肉富含蛋白质、脂肪、维生素、碳水化合物以及钙、铁、钾、硫等营养素，具有温中益气、益五脏、补虚损、健脾胃的功效。鸡肉对营养不良、畏寒怕冷、乏力疲劳、月经不调、贫血等症也有很好的食疗作用。

材料

鸡胸肉	300克	辣椒油	5毫升
干辣椒	2克	花椒油	5毫升
蒜粒	5克	盐	适量
生姜片	3克	淀粉	适量
鸡精	3克	食用油	适量
料酒	3毫升	香菜	适量

小贴士

老年人、病人、孕妇、体弱者很适宜食用鸡胸肉。肥胖或胃肠较弱、动脉硬化者，也可以适当多吃鸡胸肉。

制作指导

鸡肉丁不可炸太久，炸太久会焦，导致鸡肉的水分丧失过多，影响成菜的外观和口感。

做法演示

1. 洗净的鸡胸肉切成丁，装入碗中。

2. 加入适量盐、鸡精、料酒、淀粉抓匀，腌渍10分钟。

3. 热锅注油，烧至六成热，入鸡胸肉丁炸至金黄色，捞出。

4. 另起锅，注入食用油烧热，倒入生姜片、蒜粒炒香。

5. 倒入干辣椒拌炒片刻。

6. 倒入鸡胸肉丁炒匀。

7. 加入适量盐、鸡精，炒匀调味。

8. 再加入辣椒油、花椒油，炒匀至入味。

9. 盛出装盘，撒上香菜即可。

口味 辣　人群 一般人群　功效 增强免疫力

芽菜碎米鸡

鸡肉营养丰富，是高蛋白、低脂肪的健康食物，其氨基酸的组成与人体所需十分接近，同时它所含有的脂肪酸多为不饱和脂肪酸，极易被人体吸收。鸡肉含有的多种维生素、钙、磷、锌、铁、镁等营养成分，也是人体生长发育所必需的。

材料

鸡胸肉	150 克	鸡精	1 克
芽菜	150 克	白糖	2 克
生姜末	3 克	盐	2 克
葱末	5 克	淀粉	适量
辣椒末	5 克	食用油	适量
葱姜酒汁	5 毫升		

鸡胸肉

芽菜

生姜

白糖

小贴士

选购时要注意鸡胸肉的新鲜度，可从观察外观、色泽、质感入手。一般来说，质量好的鸡肉颜色白里透红、有光泽、手感光滑。

制作指导

鸡肉丁在烹饪前，加入适量葱姜酒汁、淀粉腌渍片刻，可去掉鸡肉的腥味。

做法演示

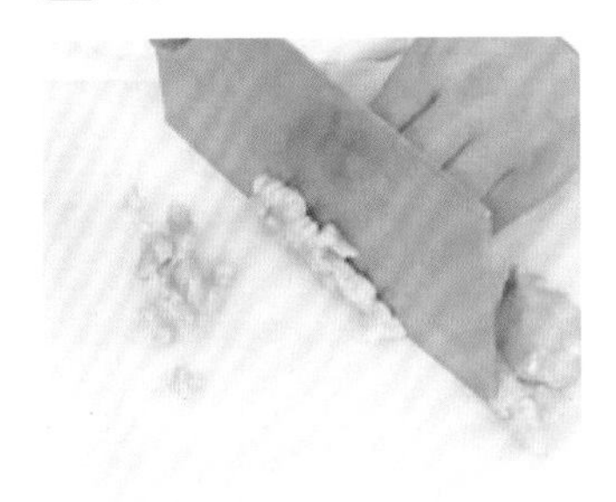
1. 把洗净的鸡胸肉切丁，放入碗中。

2. 加入适量盐、葱姜酒汁、淀粉抓匀，腌渍 10 分钟。

3. 锅中倒入少许清水烧开，倒入切好的芽菜，焯熟后捞出。

4. 热锅注入食用油，倒入鸡胸肉丁，翻炒约 3 分钟至熟。

5. 放入生姜末、辣椒末。

6. 倒入芽菜翻炒均匀。

7. 加鸡精、白糖、盐调味。

8. 撒入葱末拌匀。

9. 盛出装盘即成。

口味 咸香　人群 一般人群　功效 开胃消食

胡萝卜炒鸡丝

鸡肉是磷、铁、铜与锌的良好来源，且含有较多的不饱和脂肪酸——油酸和亚油酸。胡萝卜含有植物纤维，吸水性强，在肠道中体积容易膨胀，可加强肠道的蠕动，从而利膈宽肠、通便防癌。

材料

胡萝卜	200 克	料酒	4 毫升
鸡胸肉	300 克	鸡精	3 克
生姜丝	5 克	盐	适量
葱白	10 克	淀粉	适量
葱叶	10 克	食用油	适量

胡萝卜

鸡胸肉

生姜

葱

小贴士

胡萝卜中含有大量的胡萝卜素，具有补肝明目的作用，可辅助治疗夜盲症。经常食用胡萝卜，还可以补充人体所需的其他营养物质。

制作指导

鸡肉因滑过油，翻炒时间不用过长，用大火快速翻炒即可，以确保其肉质鲜嫩。

做法演示

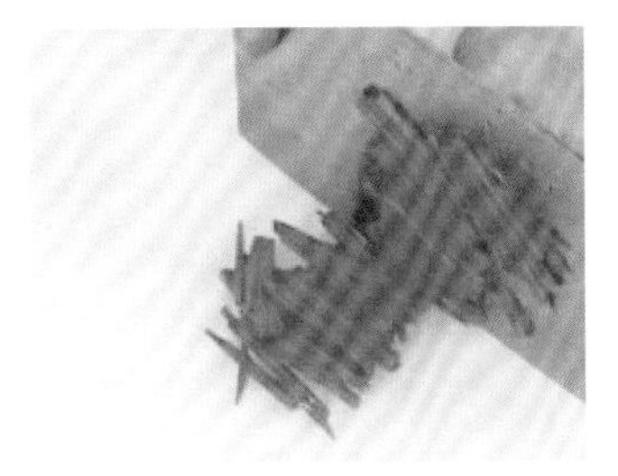
1. 把去皮洗净的胡萝卜切段，切片后再切成丝。

2. 鸡胸肉洗净，切片，再切成丝，装入碗中备用。

3. 加适量盐、淀粉、食用油拌匀，腌渍片刻。

4. 锅中加清水烧开，入胡萝卜丝焯煮约 1 分钟后捞出。

5. 热锅注油，烧至四成热，倒入鸡胸肉丝，略滑油捞出。

6. 锅留底油，倒入生姜丝、葱白爆香。

7. 倒入焯水后的胡萝卜丝和滑过油的鸡胸肉丝。

8. 加适量盐、料酒、鸡精，炒 1 分钟至入味，用少许淀粉加水勾芡。

9. 倒入葱叶，加少许熟油，装盘即可。

口味 鲜　人群 女性　功效 益气补血

可乐鸡翅

鸡翅富含胶原蛋白、脂肪、碳水化合物、维生素和钙、磷、镁等矿物质，具有补精填髓、益气补血、益五脏、强筋骨的功效，有助于骨骼和胎儿的生长发育，还可以补充人体所需的水分，延缓皮肤衰老。

材料

鸡翅	300 克	生姜片	20 克
生抽	8 毫升	葱段	20 克
白糖	1 克	料酒	适量
可乐	200 毫升	食用油	适量
老抽	2 毫升		

鸡翅

白糖

生姜

葱

小贴士

鸡翅处理干净后，可稍煮一下，把血水去除。下入鸡翅前，可在水中加少许料酒，可以有效去除鸡翅的腥味。

制作指导

可乐可依个人口味添加，但不宜太多，否则会影响口感。

做法演示

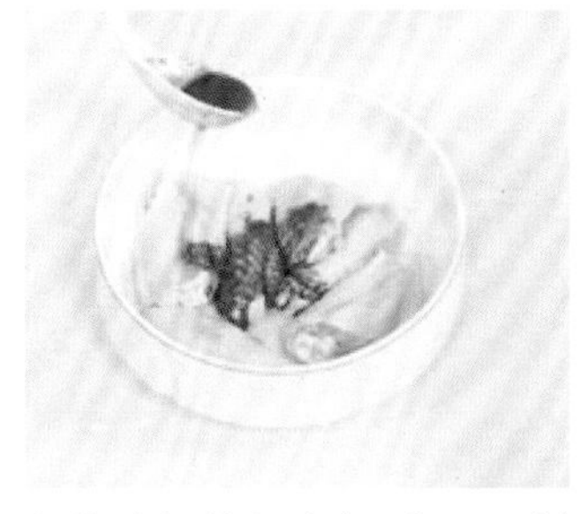
1. 将鸡翅装入碗中，加适量料酒、生抽、白糖。

2. 再倒入适量葱段、生姜片拌匀，腌渍 15 分钟至入味。

3. 热锅注入食用油，烧至五成熟，放入鸡翅。

4. 搅拌翻动，炸至鸡翅表皮呈金黄色，捞出。

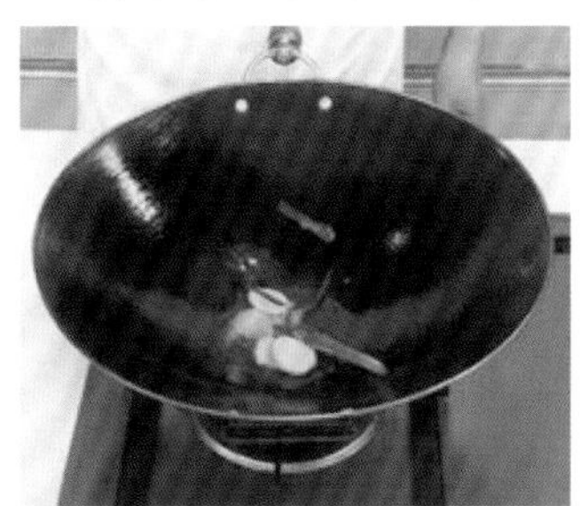
5. 锅留底油，倒入适量生姜片、葱段爆香。

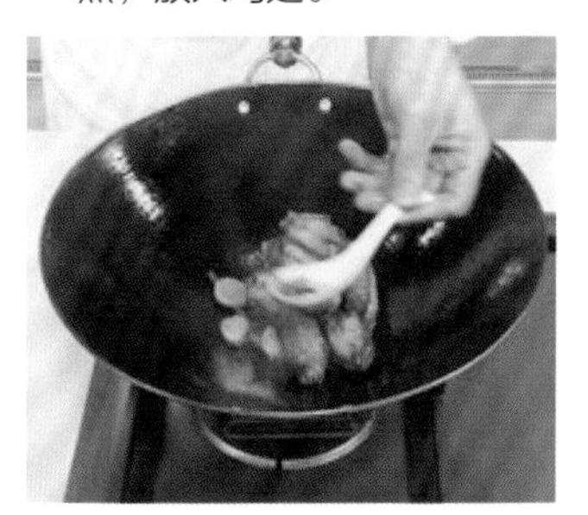
6. 倒入鸡翅，加适量料酒炒香。

7. 倒入 200 毫升可乐，改用小火，加盖焖 5 分钟。

8. 揭盖，改用大火，加老抽，翻炒几下至汤汁收干。

9. 将炒好的鸡翅装入盘中即可。

口味 咸 人群 一般人群 功效 增强免疫力

蒜薹炒鸡胗

鸡胗具有消食导滞、帮助消化的功效，可用于辅助治疗食积胀满、呕吐反胃、泻痢、疳积等症。蒜薹含有辣素，其杀菌能力可达到青霉素的十分之一，对病原菌和寄生虫都有良好的杀灭作用，可以起到预防流感、防止伤口感染和驱虫的作用。

材料

蒜薹	200 克	鸡精	1 克
鸡胗	150 克	老抽	3 毫升
生姜片	5 克	盐	4 克
葱白	10 克	淀粉	适量
料酒	5 毫升	食用油	适量

蒜薹

鸡胗

生姜

葱

小贴士

新鲜的鸡胗富有弹性和光泽，外表呈红色或紫红色，质地坚而厚实；不新鲜的鸡胗呈黑红色，无弹性和光泽。

制作指导

鸡胗一定要用大火快炒。蒜薹不宜炒得太久，否则辣素容易流失。

做法演示

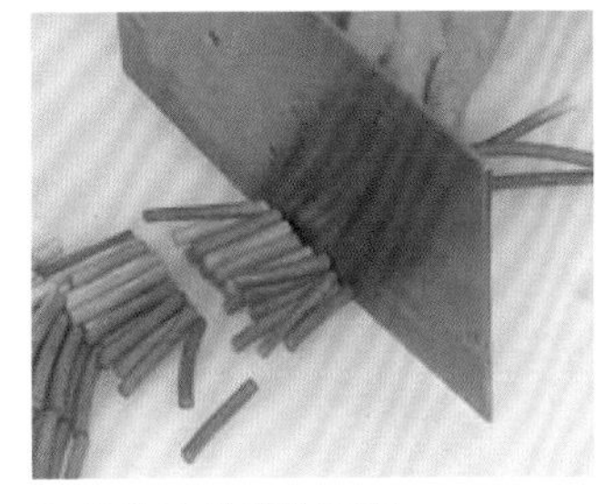
1. 将洗净的蒜薹切段。

2. 鸡胗洗净切片，加适量盐、淀粉抓匀，腌渍 10 分钟。

3. 锅中加清水烧热，加入适量食用油、盐。

4. 倒入蒜薹，煮沸后捞出。

5. 然后倒入鸡胗，煮沸后捞出。

6. 油锅烧热，加生姜片爆香，倒入鸡胗。

7. 加入料酒炒香，再加入老抽上色。

8. 倒入蒜薹，加少许清水、盐、鸡精、葱白，用淀粉加水勾芡。

9. 盛出装盘即可。

口味 辣　人群 糖尿病患者　功效 降压降糖

青椒爆鸭

鸭肉营养价值很高，尤其适合冬季食用。其富含蛋白质、脂肪、碳水化合物、维生素 A、磷、钾等营养成分。鸭肉有补肾、消水肿、止咳化痰的功效，对肺结核也有很好的食疗作用。但鸭肉性凉，脾胃阴虚、经常腹泻者忌用。

材料

熟鸭肉	400 克	白糖	2 克
干辣椒	10 克	料酒	5 毫升
豆瓣酱	10 克	老抽	3 毫升
青椒片	30 克	生抽	3 毫升
蒜末	3 克	葱段	20 克
生姜片	3 克	淀粉	适量
盐	3 克	食用油	适量
鸡精	1 克		

小贴士

鸭肉具有滋养肺胃、健脾利水的功效，主治肺阴胃虚、干咳少痰、口干口渴、消瘦乏力等症。公鸭肉性微寒，母鸭肉性微温。

制作指导

烹饪此菜时，若选用鲜鸭肉烹制，可先用少许白酒和盐将鸭肉抓匀，腌渍 10 多分钟。

做法演示

1. 将熟鸭肉斩成块。

2. 锅中注入食用油，烧至五成热，倒入鸭块。

3. 小火炸约 2 分钟至表皮呈金黄色，捞出备用。

4. 锅留底油，倒入适量葱段、蒜末、生姜片、干辣椒煸香。

5. 倒入炸好的鸭块，加豆瓣酱炒匀。

6. 淋入料酒、老抽、生抽炒匀。

7. 倒入少许清水，煮沸后加盐、鸡精、白糖炒匀。

8. 倒入青椒片，拌炒至熟，用淀粉加水勾芡。

9. 撒入适量葱段炒匀，盛出装盘即可。

口味 鲜　人群 高血压患者　功效 降压降糖

芹菜炒鸭肠

芹菜不但营养丰富，而且有药用价值。芹菜含有丰富的维生素A、钙、铁、磷、蛋白质、甘露醇、膳食纤维等营养成分，具有清热、平肝、健胃、降血压、降血脂的功效，还能保持肌肤健康，改善女性月经不调和更年期障碍。

材料

芹菜	250 克	鸡精	1 克
鸭肠	200 克	盐	4 克
生姜片	5 克	料酒	适量
葱白	10 克	淀粉	适量
红椒丝	15 克	食用油	适量

芹菜

鸭肠

生姜

葱

小贴士

要选用色泽鲜绿、叶柄厚实、茎部稍呈圆形、内侧微向内凹的芹菜，口感较好；如果鸭肠色泽变暗，说明质量差，不宜选购。

制作指导

芹菜不宜切后再洗，这样会使营养素大量流失。

做法演示

1. 将洗净的鸭肠切段。

2. 洗净的芹菜取梗，切段。

3. 锅中注水烧开，加适量盐和料酒，放入鸭肠汆去异味。

4. 锅注食用油烧热，放入生姜片、葱白爆香。

5. 倒入汆水后的鸭肠。

6. 再放入红椒丝、芹菜段。

7. 淋入适量料酒炒至熟。

8. 加入适量盐、鸡精炒匀，用淀粉加水勾芡。

9. 炒匀至入味，装盘即可。

口味 鲜　人群 女性　功效 美容养颜

黄焖鸭肝

鸭肝中含有丰富的维生素 A，能保护眼睛，维持正常视力，防止眼睛干涩、疲劳，还能维持健康的肤色，对皮肤的健美具有重要的作用。经常食用鸭肝还可以补充维生素 B_2，增强人体的免疫力。

材料

鸭肝	250 克	鸡精	1 克
干辣椒	5 克	料酒	3 毫升
生姜片	8 克	白糖	2 克
葱段	6 克	蚝油	5 毫升
盐	3 克	食用油	适量

鸭肝

干辣椒

生姜

葱

小贴士

鸭肝中含有维生素 C 和微量元素硒，能增强人体的免疫力，抗氧化、防衰老，并能抑制肿瘤细胞的产生。

制作指导

烹饪前应先将鸭肝用清水冲洗 10 分钟，再放入水中浸泡 30 分钟，以去除有毒物质。

做法演示

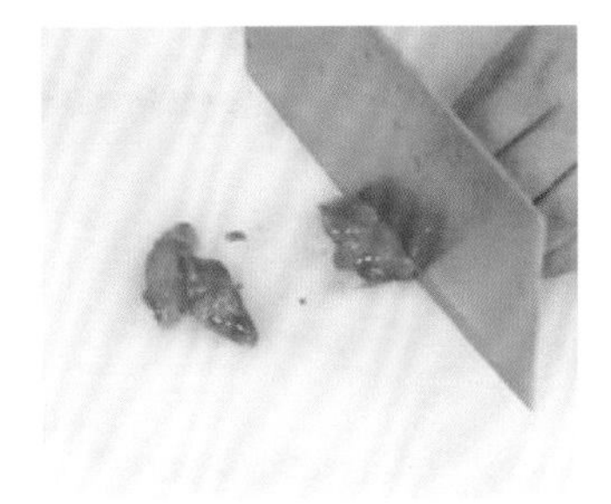
1. 鸭肝洗净切块。

2. 油锅烧热，倒入干辣椒、生姜片、葱段爆香。

3. 倒入鸭肝拌匀。

4. 淋入少许料酒。

5. 加少许清水焖 2 ~ 3 分钟。

6. 鸭肝煮熟后，加盐拌匀。

7. 放入鸡精、蚝油、白糖调味。

8. 翻炒均匀。

9. 出锅装盘即成。

口味 辣　人群 一般人群　功效 防癌抗癌

豆豉青椒鹅肠

青椒营养丰富，富含膳食纤维、维生素、碳水化合物等营养成分，其特有的味道和所含的辣椒素具有刺激唾液和胃液分泌的作用，能增进食欲，促进消化。辣椒素还是一种抗氧化物质，可阻止有关细胞的新陈代谢，从而终止细胞组织的癌变过程。

材料

熟鹅肠	200 克	盐	3 克
青椒	30 克	鸡精	2 克
红椒	15 克	蚝油	5 毫升
豆豉	8 克	料酒	3 毫升
蒜末	3 克	辣椒酱	适量
生姜片	3 克	淀粉	适量
葱白	10 克	食用油	适量

小贴士

鹅肠富含蛋白质、B 族维生素、钙、铁等营养素；买回的冷冻鹅肠，应该连着包装放在冷水里解冻，一定不要用热水或者是温水解冻。

制作指导

切辣椒时，先将刀在冷水中蘸一下再切，就不会辣眼睛。

做法演示

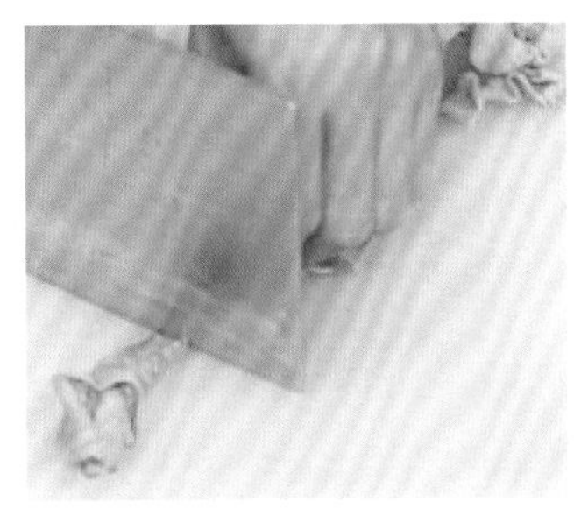

1. 将熟鹅肠洗净切成段。

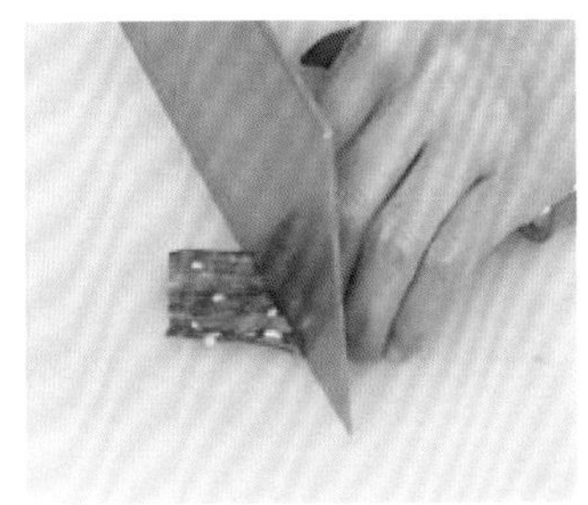

2. 再将洗好的青椒、红椒去籽，切片。

3. 热锅注入食用油，放入蒜末、生姜片、葱白、豆豉、鹅肠炒匀。

4. 加入料酒，再加入青椒和红椒炒香。

5. 倒入辣椒酱炒匀。

6. 加少许清水，调入盐、鸡精、蚝油炒匀。

7. 用少许淀粉加水勾芡。

8. 继续炒匀。

9. 盛入盘内即可。

口味 鲜　人群 女性　功效 防癌抗癌

鲍汁扣鹅掌

鹅掌性平味甘，有补阴益气、暖胃开津的作用，它的蛋白质含量很高，且脂肪含量低，富含人体所必需的多种氨基酸、维生素、微量元素等，是中医推崇的食疗佳品；西蓝花富含维生素C，可以提高人体的免疫力，还具有一定的抗癌作用，二者搭配十分营养。

材料

卤鹅掌	150 克
西蓝花	100 克
鲍汁	80 毫升
盐	适量
淀粉	适量
食用油	适量

小贴士

西蓝花是高纤维蔬菜，能降低肠胃对葡萄糖的吸收，从而降低血糖；因此，糖尿病患者经常食用西蓝花，可以起到缓解病情的作用。

制作提示

烹饪鹅掌时，先用高压锅将其压 10 分钟，可使肉质酥软、爽嫩。

做法演示

1. 锅中加清水烧热，加适量食用油和盐拌匀。

2. 煮沸后倒入西蓝花，焯 1 分钟捞出。

3. 锅注入食用油，烧热，倒入鲍汁煮开。

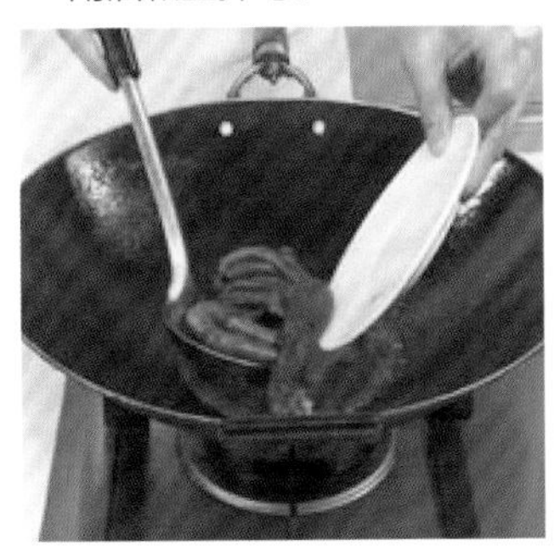

4. 再倒入卤鹅掌。

5. 拌匀，烧煮约 5 分钟至软烂。

6. 用少许淀粉加水勾芡，用汤勺拌匀。

7. 再淋入少许熟油拌匀。

8. 关火，用筷子将鹅掌全部夹入盘中。

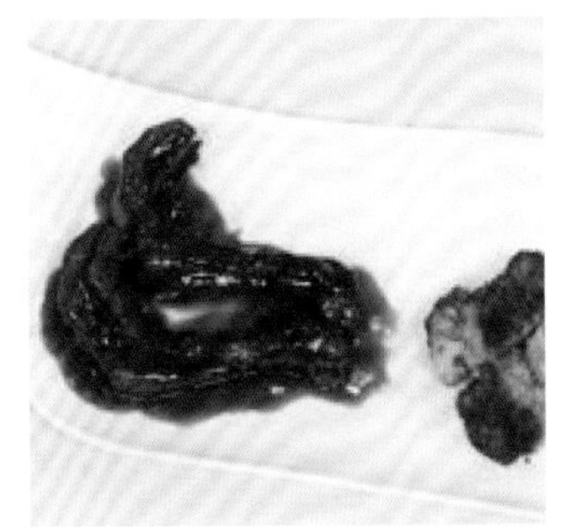

9. 把锅中的原汁浇在鹅掌上，摆上烫熟的西蓝花即可。

口味 辣 人群 老年人 功效 防癌抗癌

莴笋烧鹅

鹅肉营养价值很高，具有高蛋白、低脂肪、低胆固醇的特点，长期食用能起到防癌、抗癌的作用，还对心血管疾病患者大大有利。鹅肉具有益气补虚、暖胃生津、利五脏、解铅毒、缓解消渴的功效，特别适合在冬季进补。

材料

鹅肉	400 克	盐	3 克
莴笋	200 克	鸡精	1 克
蒜苗段	15 克	料酒	3 毫升
红椒片	10 克	生抽	3 毫升
生姜片	3 克	淀粉	适量
蒜末	3 克	食用油	适量
干辣椒	3 克		

小贴士

鹅肉尤其适宜身体虚弱、气血不足、营养不良的患者食用。莴笋中还含有一定量的锌、铁等微量元素，特别是铁元素很容易被人体吸收。

制作指导

焖煮鹅肉时，应掌控好火候，若火太大，易将汤汁收干。

做法演示

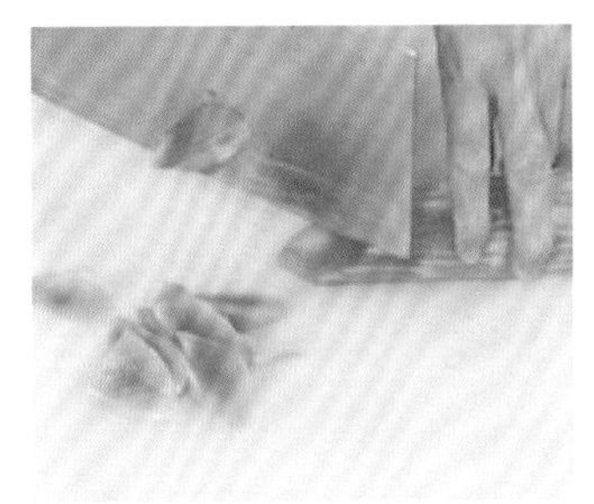

1. 将去皮洗净的莴笋切滚刀块。

2. 洗净的鹅肉斩块。

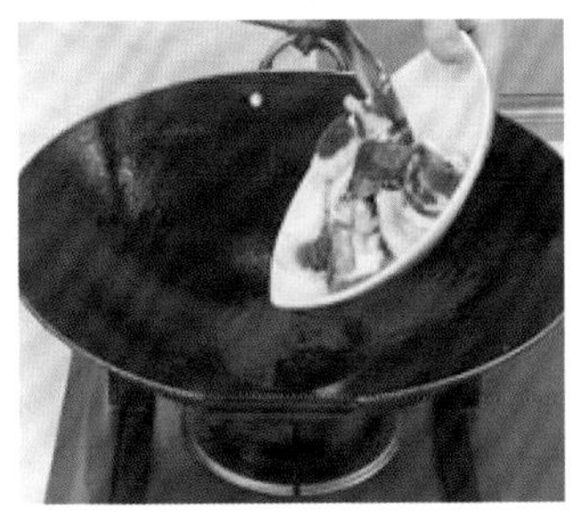

3. 油锅烧热，倒入切好的鹅肉。

4. 翻炒至变色，加料酒、生抽炒匀。

5. 倒入蒜末、生姜片和洗好的干辣椒。

6. 倒入适量清水，加入盐、鸡精炒匀调味。

7. 加盖焖 5 分钟，揭开锅盖，倒入莴笋。

8. 加盖再焖煮约 3 分钟后，倒入蒜苗段、红椒片拌匀。

9. 用少许淀粉加水勾芡，装盘即可。

口味 辣　人群 男性　功效 保肝护肾

小炒乳鸽

乳鸽营养丰富，被誉为“动物人参”，含有丰富的蛋白质、钙、铁、铜以及维生素 A、维生素 E 等营养成分，具有补肝壮肾、益气补血、清热解毒等功效，对肾虚体弱、心神不宁均有较好的食疗功效。

材料

乳鸽	1只	鸡精	1克
青椒片	20克	料酒	3毫升
红椒片	20克	蚝油	5毫升
生姜片	10克	辣椒油	5毫升
蒜蓉	10克	辣椒酱	适量
盐	3克	食用油	适量

乳鸽

青椒

生姜

蒜

小贴士

乳鸽肉中的蛋白质可促进血液循环，改善女性子宫或膀胱倾斜，防止孕妇流产或早产，并能防止男子精子活力减退和睾丸萎缩。

制作指导

炒制乳鸽时，加入生姜片和蒜蓉同炒不仅可以去腥，还可以预防感冒。

做法演示

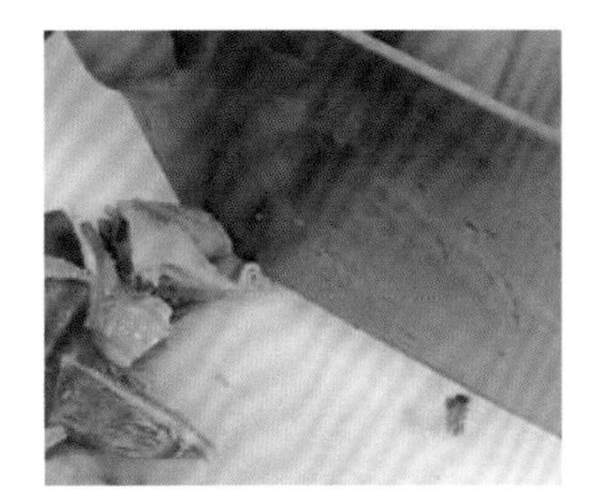
1. 将处理干净的乳鸽斩块。

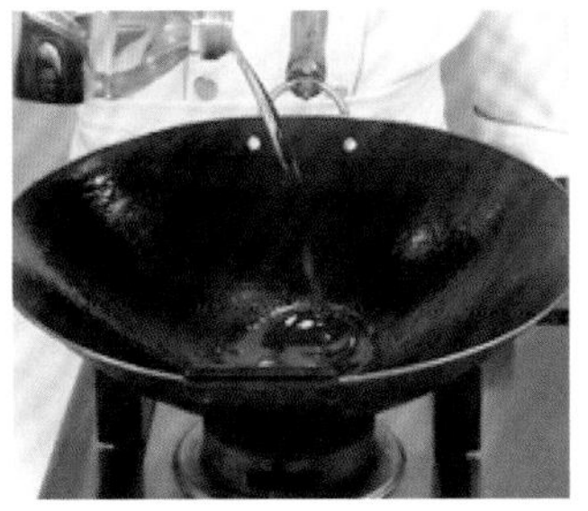
2. 起锅，注入适量食用油烧至七成热。

3. 放入乳鸽肉翻炒片刻，加入料酒炒匀。

4. 加入辣椒酱拌炒2～3分钟。

5. 加盐、鸡精、蚝油调味。

6. 倒入生姜片、蒜蓉。

7. 放入青椒片、红椒片炒匀。

8. 淋入辣椒油拌匀调味。

9. 出锅装盘即成。

口味 清淡　人群 一般人群　功效 增强免疫力

豌豆炒乳鸽

豌豆富含人体所需的多种营养物质，尤其是优质蛋白质，可以提高机体的抵抗力和康复能力。豌豆中还富含胡萝卜素，食用后可一定程度上阻止人体内致癌物质的合成，从而减少癌细胞的数量，降低癌症的发病概率。

材料

乳鸽肉	200 克	生抽	3 毫升
豌豆	150 克	白糖	2 克
生姜片	3 克	料酒	适量
蒜末	3 克	盐	3 克
青椒片	10 克	淀粉	适量
红椒片	10 克	食用油	适量
葱白	10 克		

小贴士

豌豆的烹饪口味应以清淡为主，调料过重不仅会盖住豌豆的鲜味，而且会降低其止消渴的作用。豌豆不宜食用过多，否则会引起腹胀。

制作指导

豌豆已经焯熟，烹饪此菜时，豌豆不用过早入锅。

做法演示

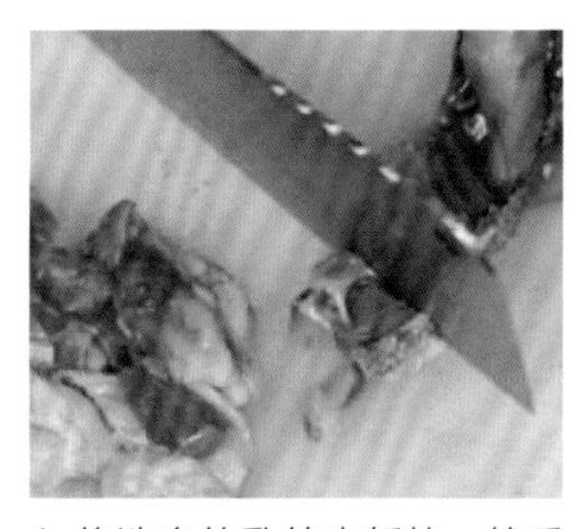

1. 将洗净的乳鸽肉斩块，然后装入碗中。

2. 加适量盐、料酒、生抽、淀粉拌匀，腌渍片刻。

3. 热锅注水烧开，加适量盐和食用油煮沸。

4. 倒入洗好的豌豆，焯熟后捞出备用。

5. 热锅注油，烧至五六成热，倒入乳鸽肉，炸熟后捞出。

6. 锅留底油，入生姜片、蒜末、青椒片、红椒片、葱白煸香。

7. 放入乳鸽肉，加入适量料酒翻炒。

8. 倒入豌豆，加少许清水煮沸，加入适量盐、白糖调味。

9. 用少许淀粉加水勾芡，炒匀，盛入盘中即可。

口味 酸　人群 女性　功效 美容养颜

西红柿炒蛋

西红柿含有丰富的钙、磷、铁、胡萝卜素及维生素，生熟皆能食用，味微酸适口。西红柿能生津止渴、健胃消食，故对口渴、食欲不振有很好的辅助治疗作用。西红柿汁多，对肾炎患者也有很好的食疗作用。

材料

西红柿	200 克	番茄酱	10 克
鸡蛋	3 个	香油	适量
生姜末	3 克	盐	3 克
蒜末	3 克	鸡精	适量
葱白	5 克	淀粉	适量
葱花	5 克	食用油	适量
白糖	2 克		

小贴士

西红柿去皮炒制，口味更浓郁。可先在西红柿顶部切十字刀，放入开水中烫 1 分钟，取出后，就可以轻松除去表皮。

制作指导

在打散的鸡蛋里放入少量清水，待搅拌后放入锅中，鸡蛋便不容易粘锅。

做法演示

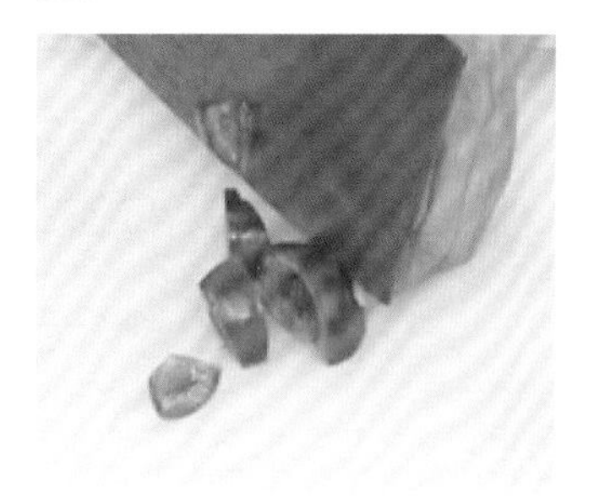

1. 将洗净的西红柿切成块。

2. 鸡蛋打入碗中，加入适量盐、水、鸡精、淀粉搅散。

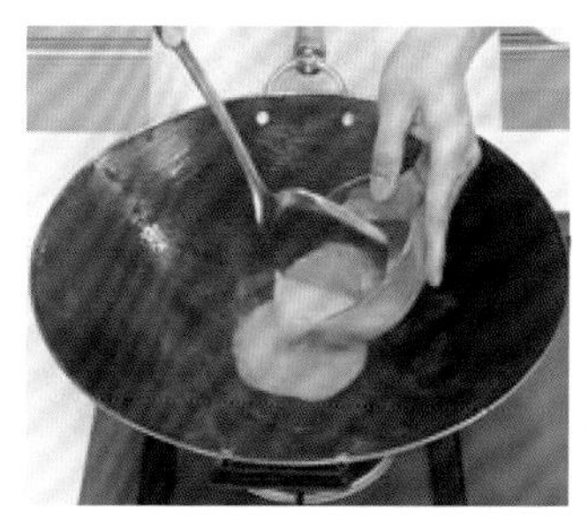

3. 锅置大火上，注入食用油烧热，倒入蛋液拌匀。

4. 将炒好的鸡蛋盛入碗中。

5. 油锅烧热，倒入葱白、生姜末、蒜末爆香。

6. 倒入西红柿，加入适量盐、鸡精、白糖炒匀。

7. 倒入炒好的鸡蛋，淋入番茄酱炒匀。

8. 用少许淀粉加水勾芡，再淋入少许香油。

9. 将做好的菜盛入盘内，撒上葱花即可。

口味 清淡　人群 一般人群　功效 清热解毒

双色蒸蛋

鸡蛋含有丰富的水分、蛋白质、脂肪、氨基酸、磷脂以及多种维生素，具有清热、解毒、消炎的作用，可辅助治疗食物及药物中毒、咽喉肿痛、失音、慢性中耳炎等疾病，是小儿、老年人、产妇以及贫血患者、手术后恢复期患者的良好补品。

材料

鸡蛋　2 个
菠菜　150 克
盐　2 克
鸡精　适量
食用油　适量

小贴士

菠菜烹熟后软滑易消化，特别适合老、幼、病、弱者食用。计算机工作者、爱美的人也应常食菠菜，糖尿病患者经常吃些菠菜有利于保持血糖稳定。

制作提示

蒸蛋时要注意观察，蛋液凝固即可，不可蒸太久，以免蛋羹太老。

做法演示

1. 取少许洗净的菠菜切碎，剁成末。

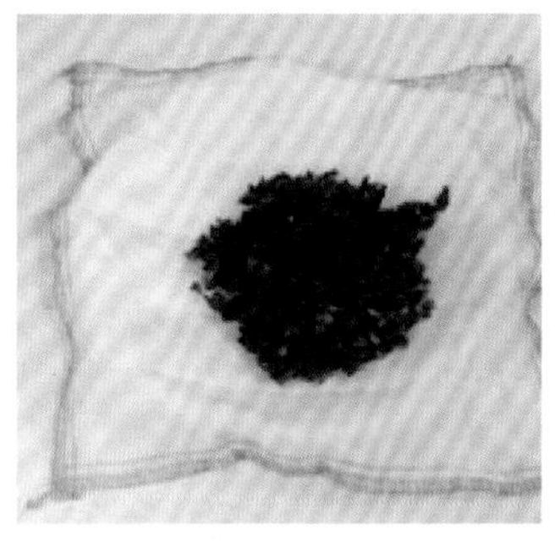

2. 剩余菠菜切碎，剁成末，装入隔纱布中。

3. 用力收紧纱布，将菠菜汁挤入碗中。

4. 将 1 个鸡蛋打入碗中，加适量盐、鸡精打散。

5. 加入适量温水和食用油调匀，倒入太极碗中。

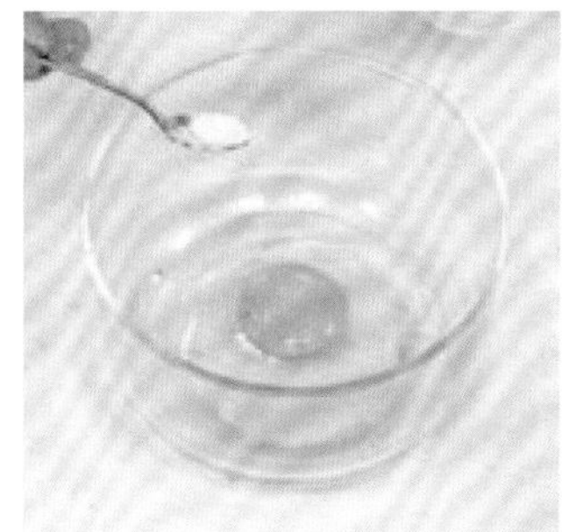

6. 另 1 个鸡蛋打入碗中，加适量盐、鸡精调匀。

7. 加入菠菜末、菠菜汁、食用油调匀，倒入太极碗中。

8. 把太极碗放入蒸锅，大火蒸 7 分钟。

9. 揭开锅盖，把蒸好的蛋取出即可。

口味 辣　人群 女性　功效 开胃消食

青尖椒拌皮蛋

皮蛋由鸭蛋制成，含有更多矿物质，脂肪和总热量却稍有下降。它能刺激消化器官，增进食欲，促进消化吸收，中和胃酸，清凉，降压，具有润肺、养阴止血、凉肠、止泻、降压之功效。此外，皮蛋还有保护血管的作用。

材料

皮蛋	2 个	白糖	2 克
青尖椒	50 克	生抽	10 毫升
蒜末	10 克	陈醋	10 毫升
盐	1 克	香油	适量
鸡精	1 克		

皮蛋

青尖椒

蒜

盐

小贴士

皮蛋性凉，味辛，食用皮蛋时加点陈醋，既能杀菌，又能中和皮蛋的部分碱性，更加美味。

制作指导

切皮蛋时要注意用力适度；若力度不够，不易将皮蛋切成型，会影响成品外观。

做法演示

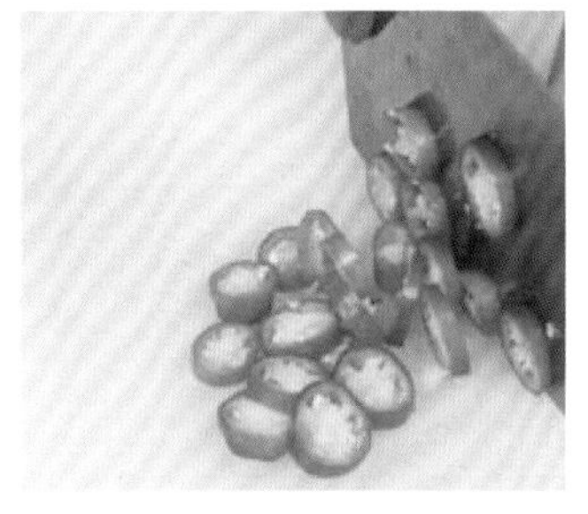
1. 把洗净的青尖椒切成圈。

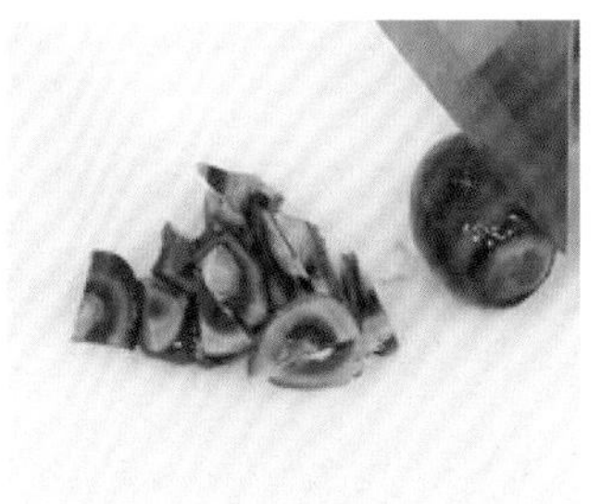
2. 已去皮的皮蛋切成小块。

3. 锅中加适量清水煮开，倒入青尖椒圈，煮半分钟。

4. 将煮好的青尖椒圈捞出，沥干水分备用。

5. 将切好的青尖椒圈、皮蛋装入碗中，倒入蒜末。

6. 加入盐、鸡精、白糖、生抽拌匀。

7. 再倒入陈醋和香油拌匀。

8. 静置 1 分钟，使其入味。

9. 将拌好的材料盛入盘中即可。

口味 苦　人群 一般人群　功效 增强免疫力

苦瓜酿咸蛋

苦瓜中的蛋白质成分及大量维生素 C 能提高机体的免疫力，使免疫细胞具有杀灭癌细胞的作用。苦瓜中的苦瓜苷和苦味素能增进食欲，健脾开胃，其所含的生物碱类物质奎宁，有利尿活血、消炎退热、清心明目的功效。

材料

苦瓜	200 克	小苏打	1 克
咸蛋黄	150 克	食用油	适量
咖喱膏	20 克	盐	2 克
鸡精	2 克	淀粉	适量
白糖	2 克		

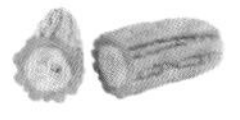

苦瓜　咸蛋黄　咖喱膏　白糖

小贴士

蛋黄中的脂肪以油酸为主，含量达到 50%以上，对预防心脏病有益。将切好的苦瓜片撒上盐腌渍一会儿，然后炒食，可减轻苦味。

制作指导

焯煮苦瓜时，可在开水中放入适量小苏打，成菜品相和味道更佳。

做法演示

1. 将洗净的苦瓜切棋子形，掏去籽，装盘。

2. 咸蛋黄放入蒸锅，蒸 10 分钟后取出晾凉。

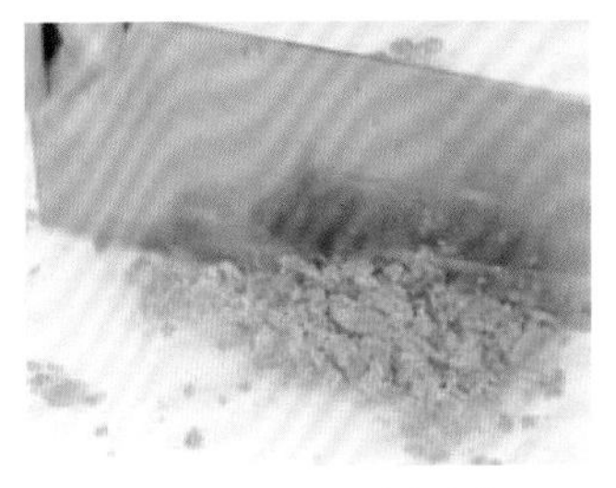

3. 将蛋黄压碎，再剁成末备用。

4. 锅中加清水烧开，加入适量盐和小苏打。

5. 倒入苦瓜，煮 2 分钟后捞出。

6. 待苦瓜稍放凉后，塞入咸蛋黄末。

7. 待苦瓜整齐地摆在盘中，放入蒸锅，蒸 5 分钟。

8. 油锅烧热，倒入少许水，加入适量盐、咖喱膏、鸡精、白糖。

9. 用淀粉加水勾芡，淋入熟油，浇在苦瓜上即可。

口味 辣　人群 一般人群　功效 保肝护肾

剁椒荷包蛋

鸡蛋含有大量的维生素、蛋白质、脂肪、卵磷脂、铁、钙、钾等营养物质，其所含的蛋白质对肝脏组织损伤有修复作用，而蛋黄中的卵磷脂可促进肝细胞的再生。所以，常吃鸡蛋对肝脏非常有益。

材料

鸡蛋	4个
剁椒	100克
青椒粒	10克
红椒粒	10克
香油	适量
食用油	适量

小贴士

将鸡蛋打入锅中后，在蛋黄上滴几滴热水，可使煎出的荷包蛋嫩而光滑。煎荷包蛋时，先用小火煎，待底面呈金黄色后，翻面，关火用余温将其煎熟便可。

制作提示

剁椒中含有较多盐分，炒制此菜时，剁椒中的盐分会析出，不需要加盐调味。

做法演示

1. 锅中注入适量食用油，烧热。

2. 将鸡蛋直接打入油锅中，一次只打入1个。

3. 煎至两面金黄，制成荷包蛋。

4. 分次制成多个荷包蛋，将荷包蛋对半切开。

5. 锅留底油，倒入剁椒、青椒粒、红椒粒炒香。

6. 加入少许清水炒匀。

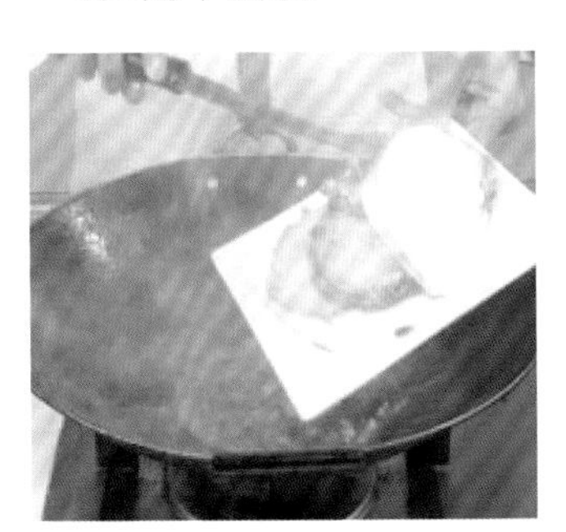

7. 倒入切好的荷包蛋。

8. 加少许香油，拌炒均匀。

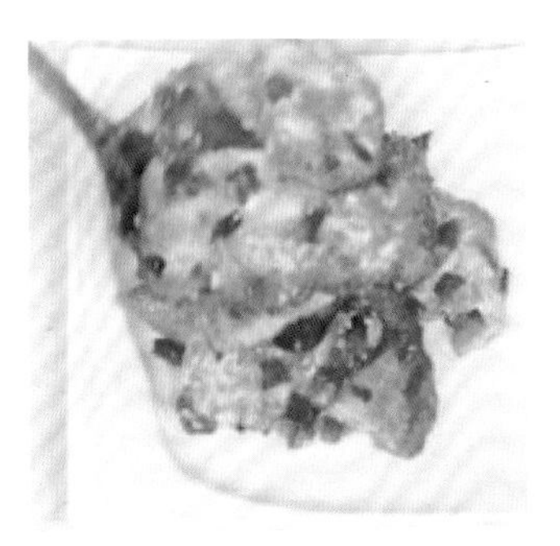

9. 盛入盘中即可。

口味 鲜　人群 一般人群　功效 补血益气

风味鸭血

鸭血中含铁量较高，而且多以血红素铁的形式存在，容易被人体吸收利用，适宜处于生长发育阶段的儿童、孕妇或哺乳期女性多吃，可以防治缺铁性贫血。另外，鸭血还能为人体提供多种微量元素，对营养不良、心血管疾病患者都有益处。

材料

鸭血	300 克	鸡精	2 克
干辣椒	5 克	盐	3 克
沙茶酱	15 克	淀粉	适量
青椒片	10 克	辣椒油	适量
红椒片	10 克	食用油	适量
葱花	5 克		
生姜片	3 克		

做法

1. 鸭血切块，放入加有水和盐的锅中，煮至断生捞出。
2. 热锅注入食用油，倒入干辣椒、生姜片爆香。
3. 加入青椒片、红椒片和沙茶酱拌炒均匀。
4. 倒入少许清水烧开。
5. 加入适量盐、辣椒油、鸡精。
6. 倒入鸭血拌匀，煮 2 ~ 3 分钟至入味，用淀粉加水勾芡。
7. 盛出，撒入葱花即成。

第四章

招牌水产菜

水产味道鲜美、营养丰富，而且脂肪含量低，容易消化，深受人们的喜爱。但是对于如何烹饪水产，您可能并不十分了解。本章我们将介绍一些水产的经典做法，非常适合您在家制作。

口味 辣　人群 一般人群　功效 增强免疫力

野山椒蒸草鱼

草鱼富含不饱和脂肪酸，有助于促进血液循环，是心血管病患者的良好食物。草鱼含有丰富的硒元素，经常食用可以抗衰老、养容颜，对肿瘤也有一定的防治作用。草鱼肉嫩而不腻，对于身体瘦弱、食欲不振的人来说，不仅可以滋补身体，还可以开胃。

材料

草鱼肉	300 克	红椒丝	10 克
野山椒	20 克	盐	2 克
生姜丝	3 克	鸡精	1 克
生姜末	3 克	料酒	3 毫升
蒜末	3 克	豉油	适量
葱丝	10 克	食用油	适量

草鱼

生姜

蒜

盐

小贴士

草鱼性温，味甘，具有暖胃和中的作用。腌渍前，在草鱼身上划上几刀，更易腌渍入味。烹调时即使不放鸡精，鱼也能很鲜美。

制作指导

腌渍鱼肉的时候，还可以加入少许胡椒粉和白酒，能更好地去腥提鲜。

做法演示

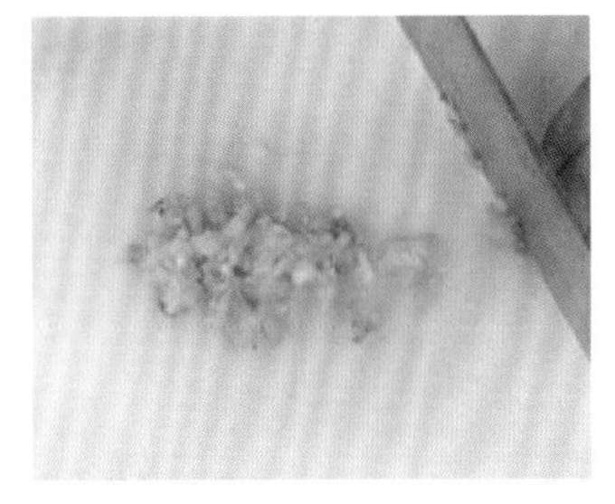
1. 野山椒切碎，装入盘中，加入生姜末、蒜末。

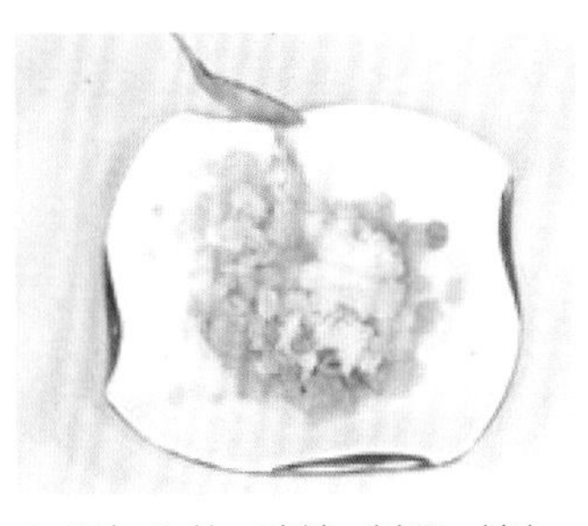
2. 再加入盐、鸡精、料酒，拌匀。

3. 将调好的野山椒末放在洗净的草鱼肉上，腌渍 10 分钟。

4. 将腌好的草鱼放入蒸锅。

5. 盖上锅盖，大火蒸约 10 分钟至熟透。

6. 揭盖，取出蒸熟的草鱼。

7. 撒入生姜丝、红椒丝、葱丝。

8. 锅中倒入少许食用油，烧热。

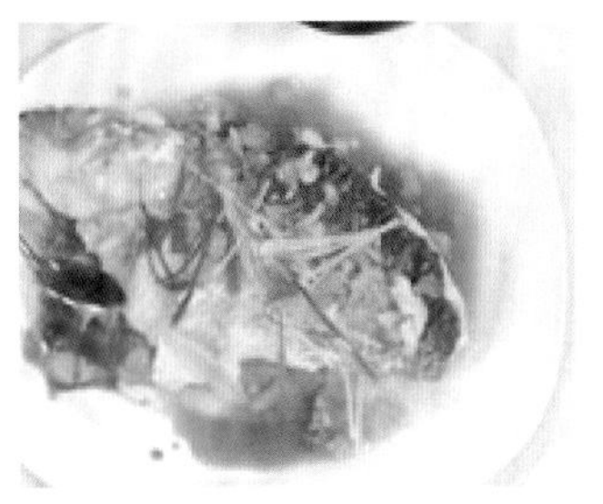
9. 将油淋在蒸熟的草鱼上，盘底浇入豉油即可。

口味 辣　人群 青少年　功效 益智健脑

剁椒鱼头

鱼头肉质细嫩，除了含蛋白质、钙、磷、铁、维生素 B_1 之外，还含有卵磷脂，可增强记忆、思维和分析能力，使人变得更聪明；鱼头还含有丰富的不饱和脂肪酸，可使大脑细胞异常活跃。常吃鱼头可以健脑，特别适合老年人和青少年经常食用。

材料

鲢鱼头	450 克	生姜片	5 克
剁椒	100 克	鸡精	3 克
葱花	6 克	料酒	5 毫升
葱段	5 克	盐	2 克
蒜末	3 克	蒸鱼豉油	适量
生姜末	4 克	食用油	适量

鲢鱼头

剁椒

蒜

生姜

小贴士

鱼放置时间过长会使肉质发硬，影响口感，在鱼头两侧划纹时，走刀不要太深，否则鱼肉易散。鱼头要待水煮开后再蒸，蒸至鱼眼突出，鱼头即熟。

制作指导

鱼头上锅蒸制之前，腌渍时间不要太长，以 10 分钟为佳，否则味道会过咸。

做法演示

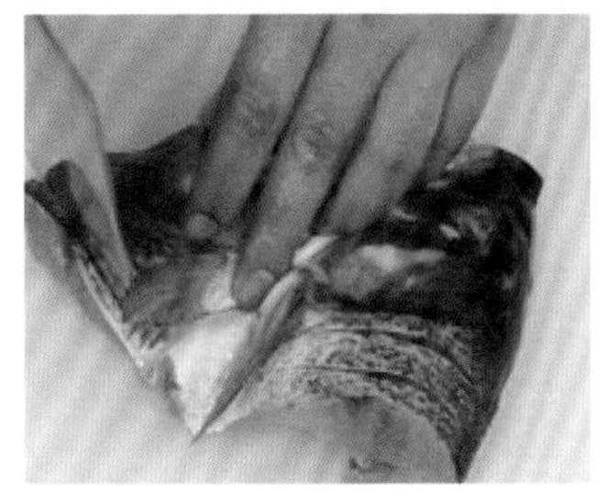
1. 鲢鱼头洗净切成相连两半，在鱼肉上划一字刀。

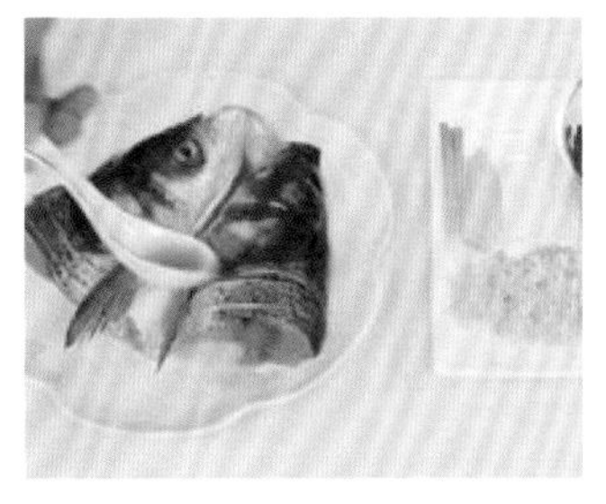
2. 用料酒抹匀鲢鱼头，鲢鱼头内侧再抹上适量盐。

3. 将剁椒、生姜末、蒜末装入碗中，加适量盐、鸡精抓匀。

4. 将调好味的剁椒均匀地铺在鱼头上。

5. 鲢鱼头翻面，铺上剁椒、葱段和生姜片，腌渍入味。

6. 蒸锅注水烧开，放入鲢鱼头，大火蒸 10 分钟。

7. 揭盖，取出蒸熟的鲢鱼头，挑去生姜片和葱段。

8. 淋上蒸鱼豉油，撒上葱花。

9. 起锅入食用油烧热，将热油浇在鱼头上即可。

口味 咸　人群 一般人群　功效 开胃消食

蒜苗焖腊鱼

腊鱼含有蛋白质、维生素 A、磷、钙、铁等营养成分，具有健脾和胃的保健功效。蒜苗的营养价值也很高，其含有的辣素具有消食、杀菌、抑菌的作用，能在一定程度上预防流感、肠炎等因环境污染而引起的疾病。

材料

腊鱼	150 克	蚝油	5 毫升
蒜苗	50 克	料酒	3 毫升
胡萝卜片	30 克	淀粉	适量
生姜片	5 克	香油	适量
盐	2 克	食用油	适量
鸡精	1 克		

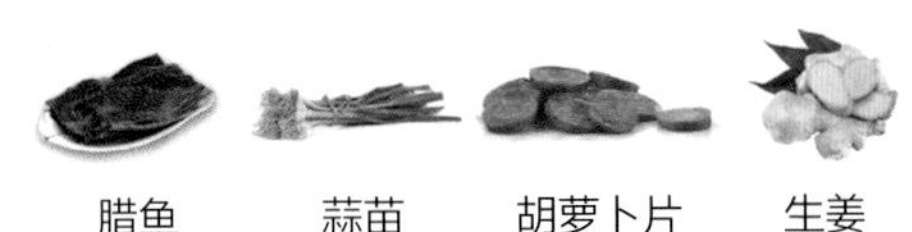

小贴士

腊鱼烹饪前可以放入热水锅中煮 5 分钟，煮后的腊鱼肉质会变软，这样不仅可以缩短烹饪的时间，腊鱼的味道也不会过咸。

制作指导

腊鱼表面附着较多的盐分和杂质，烹饪前要先用水清洗干净。

做法演示

1. 腊鱼切块，蒜苗洗净，切段。

2. 油锅烧热，放入生姜片爆香。

3. 倒入腊鱼，翻炒均匀。

4. 淋入料酒，倒入蒜苗梗，炒 2 ~ 3 分钟至熟。

5. 加盐、鸡精、蚝油炒匀调味。

6. 用少许淀粉加水勾一层薄芡。

7. 倒入蒜苗叶和胡萝卜片炒匀。

8. 淋入少许香油炒匀。

9. 出锅盛入盘内即成。

口味 鲜　人群 孕产妇　功效 开胃消食

干烧鲫鱼

鲫鱼所含的蛋白质品质优，易于消化吸收，是人体的良好蛋白质来源，常食可增强抵抗力。鲫鱼还富含脂肪、碳水化合物、维生素 A、维生素 E 等多种营养物质，具有健脾开胃、益气、利水、通乳之功效。

材料

鲫鱼	1条	老抽	4毫升
红椒片	10克	葱油	5毫升
生姜丝	3克	辣椒油	5毫升
葱白	5克	盐	3克
葱叶	5克	料酒	适量
鸡精	1克	淀粉	适量
蚝油	5毫升	食用油	适量

小贴士

如果要保存鲫鱼，最好先用少许盐抹匀鱼身，再用保鲜膜包好，放入冰箱冷藏。或将鲫鱼放入油锅中煎熟后，再放入冰箱。

制作指导

烹饪鲫鱼时，淋入料酒后马上盖上盖焖片刻，再加水煮，能充分地去腥增鲜。

做法演示

1. 鲫鱼宰杀洗净，剖花刀，加适量料酒、盐、淀粉拌匀。

2. 热锅注入食用油，烧至六成热，放入鲫鱼。

3. 炸约2分钟，至鱼身金黄色时捞出。

4. 锅留底油，放入生姜丝、葱白煸香。

5. 放入鲫鱼，淋入适量料酒，倒入清水，焖1分钟。

6. 加适量盐、鸡精、蚝油、老抽调味。

7. 倒入红椒片拌匀。

8. 淋入葱油、辣椒油拌匀。

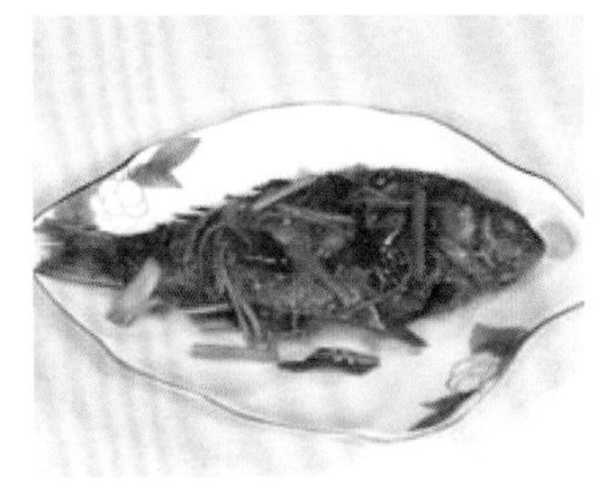

9. 待汁收干后出锅，撒入葱叶即可。

口味 咸香　人群 一般人群　功效 增强免疫力

彩椒炒牛蛙

牛蛙是一种高蛋白、低脂肪、低胆固醇的营养食物。牛蛙还有滋补解毒的功效，消化功能差、胃酸过多以及体质弱的人可以用来滋补身体。牛蛙可以促进人体气血旺盛，使人精力充沛，还能滋阴壮阳，有养心安神、补气的功效，有利于患者的康复。

材料

牛蛙肉	300 克	蚝油	5 毫升
彩椒	200 克	料酒	5 毫升
蒜末	3 克	盐	4 克
生姜片	5 克	淀粉	适量
葱白	10 克	食用油	适量
鸡精	1 克		
老抽	3 毫升		

小贴士

牛蛙容易熟，但加热时间也不要太短，否则食用起来不安全。

制作指导

炒前用料酒和其他调味料将牛蛙肉腌渍一会儿，然后用大火快速翻炒，炒出来的肉才鲜嫩。

做法演示

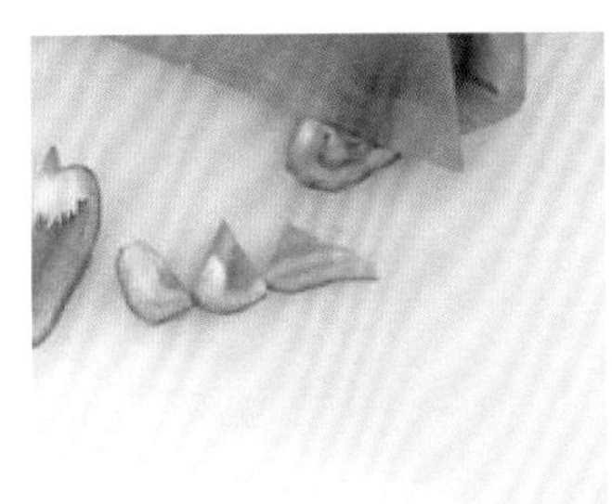

1. 将洗净去籽的彩椒切成片。

2. 将牛蛙肉洗净斩块，加入适量盐、料酒、淀粉拌匀，腌渍约 10 分钟。

3. 锅中加水烧开，放入适量食用油、盐，倒入彩椒焯至断生捞出。

4. 倒入牛蛙肉汆煮片刻后捞出。

5. 油锅烧热，倒入生姜片、蒜末、葱白爆香。

6. 倒入牛蛙肉，加适量盐、鸡精、老抽翻炒入味。

7. 再倒入彩椒片炒匀。

8. 加蚝油炒匀，用少许淀粉加水勾芡。

9. 淋入熟油拌炒均匀，盛出装盘即可。

口味 鲜　人群 一般人群　功效 增强免疫力

家常鳝鱼段

鳝鱼富含 DHA 和卵磷脂，二者均是脑细胞不可缺少的营养物质，能够起到补脑健身的作用。鳝鱼还含有大量的蛋白质、脂肪及多种维生素等营养成分，适宜身体虚弱、气血不足、营养不良者食用。

材料

鳝鱼	300克	鸡精	1克
豆瓣酱	30克	白糖	2克
青椒丝	10克	料酒	5毫升
红椒丝	15克	生姜丝	适量
葱白	20克	淀粉	适量
蒜末	3克	食用油	适量
盐	3克		

小贴士

将鳝鱼放入开水中汆烫时，断生即可捞出，要用纱布擦干鳝鱼上的水分，进入油锅就不会炸锅了。

制作指导

鳝鱼宰杀洗净，入开水锅中汆烫，是为了洗去鳝鱼身上的滑液，使烹制出的鳝鱼更加鲜美。

做法演示

1. 锅中加适量清水烧开，放入处理后的鳝鱼，汆煮至断生后捞出。

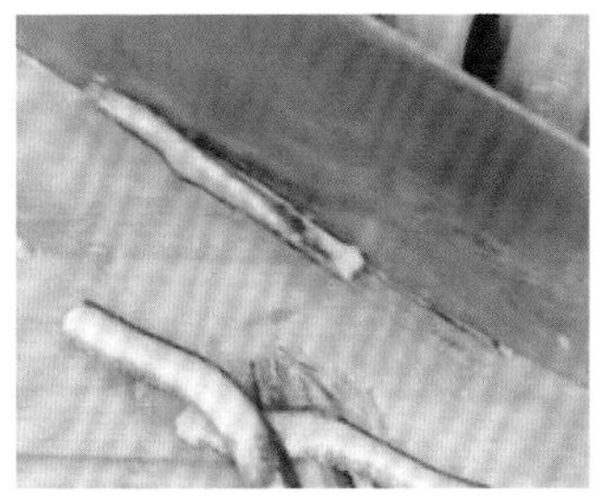

2. 鳝鱼用清水洗净，切丝，装入碗中备用。

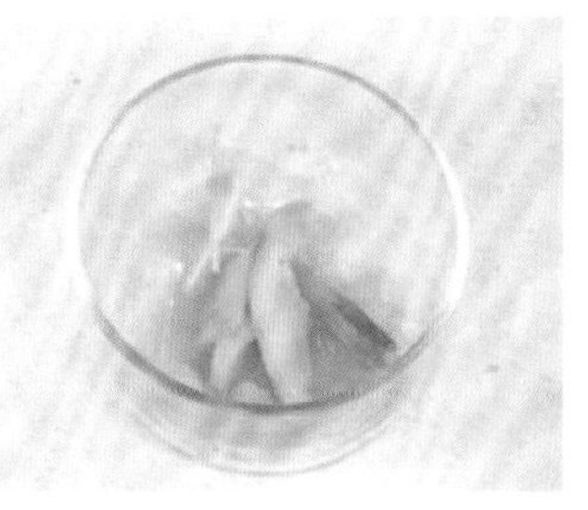

3. 把适量生姜丝、葱白加入料酒，挤出汁，即成葱姜酒汁。

4. 把葱姜酒汁淋入鳝鱼丝中，撒上淀粉拌匀腌渍。

5. 油锅烧至六成热时，倒入鳝鱼丝，炸至金黄色后捞出。

6. 起油锅，倒适量生姜丝、葱白、蒜末、豆瓣酱爆香。

7. 放入红椒丝、青椒丝炒匀。

8. 倒入炸好的鳝鱼丝，淋入少许料酒提鲜。

9. 加盐、鸡精、白糖调味，大火收汁，装盘即可。

口味 鲜　人群 老年人　功效 健体补肾

爆炒生鱼片

生鱼肉质细腻，味道鲜美，刺少。其营养价值很高，含有蛋白质、脂肪、碳水化合物和多种氨基酸，还含有人体必需的钙、磷、铁及多种维生素，有补脾、清热、补肝等功能，是病后康复和体虚者的滋补珍品。

材料

生鱼	550克	白糖	2克
青椒	15克	料酒	3毫升
红椒	15克	盐	3克
葱	10克	淀粉	适量
生姜	15克	辣椒酱	适量
蒜	5克	食用油	适量
鸡精	1克		

小贴士

生鱼容易成为寄生虫的寄生体，所以最好不要随便食用被污染水域的生鱼，以免寄生虫寄生体内，对人体的健康造成危害。

制作指导

生鱼片放入清水中浸泡20分钟，可使鱼肉色泽更白。

做法演示

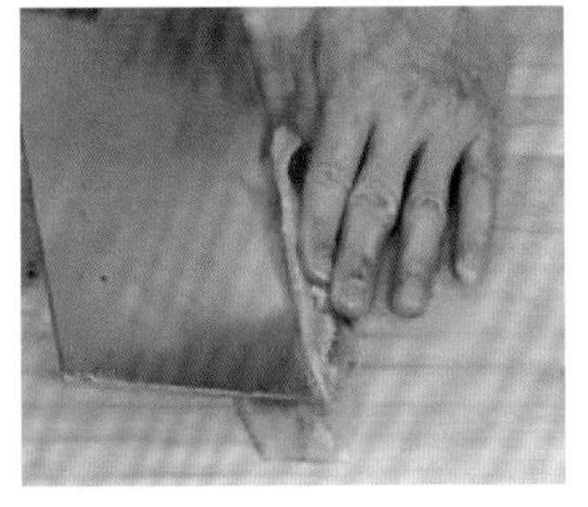

1. 将宰杀好的生鱼剔去鱼骨，鱼肉片切成薄片。

2. 青椒、红椒洗净，去籽切片。

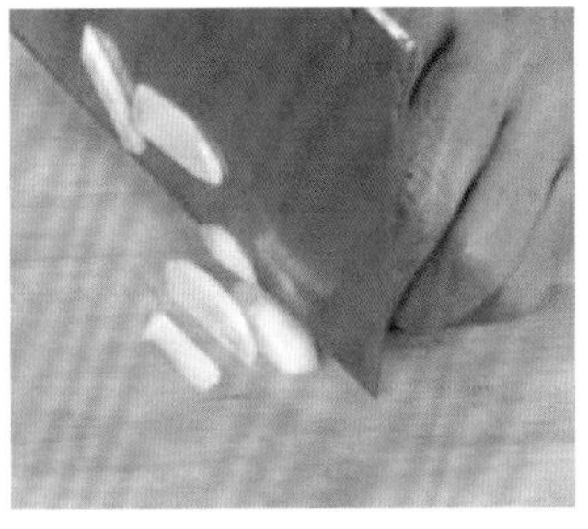

3. 蒜、生姜均洗净切片；葱洗净，切段。

4. 锅中注水煮沸，入青椒片、红椒片焯烫片刻后捞出。

5. 生鱼片加适量盐、淀粉、食用油拌匀，腌渍入味。

6. 锅入食用油烧热，倒入生鱼片滑油，捞出沥油。

7. 锅留底油，入生姜片、蒜片和辣椒酱炒香。

8. 倒入青椒片、红椒片、葱段炒匀，倒入生鱼片。

9. 加适量盐、鸡精、白糖和料酒炒入味，装盘即可。

口味 辣　人群 老年人　功效 降血糖

辣炒鱿鱼

鱿鱼的脂肪里含有大量的高度不饱和脂肪酸，如 EPA、DHA，加上其所含的大量牛磺酸，都可有效降低血管壁上所积累的胆固醇含量，对预防血管硬化、胆结石都具有良好的食疗功效。同时，鱿鱼还能补充脑力、预防阿尔茨海默病等。

材料

鱿鱼	250 克	黄瓜片	适量
青椒丁	25 克	料酒	适量
红椒丁	25 克	盐	3 克
蒜苗梗	20 克	淀粉	适量
干辣椒	7 克	辣椒酱	适量
生姜片	6 克	食用油	适量

鱿鱼

青椒

红椒

蒜苗

小贴士

鱿鱼的肉质较为脆嫩、紧实，将鱿鱼切成丁再翻炒更容易入味，口感也较嫩滑。注意不要炒制过久，以免导致鱿鱼肉质变老。

制作指导

食用新鲜鱿鱼时一定要去除其内脏并洗净。

做法演示

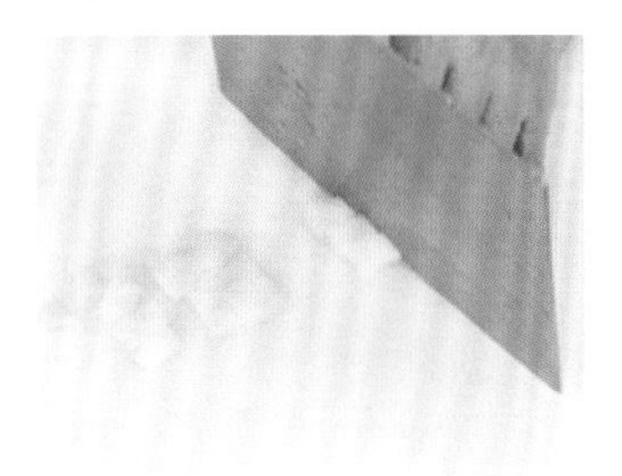
1. 洗好的鱿鱼切成细丁。

2. 鱿鱼丁加适量盐、料酒、淀粉拌匀，腌渍 10 分钟。

3. 锅中加清水烧开，倒入鱿鱼丁，汆烫片刻后捞出。

4. 油锅烧热，放入生姜片爆香。

5. 再撒上已切好洗净的蒜苗梗、鱿鱼丁炒匀。

6. 加入洗净切好的干辣椒炒香。

7. 倒入青椒丁、红椒丁炒匀，淋上适量料酒，放入辣椒酱，翻炒片刻。

8. 放入适量盐炒至入味。

9. 用淀粉加少许水勾芡，淋上熟油炒匀，盛出并用黄瓜片摆盘即可。

口味 鲜　人群 女性　功效 补血养颜

彩椒墨鱼柳

墨鱼肉味微咸，性质温和，含有胆固醇、蛋白质、烟酸、镁、磷、锌、硒、钾、钠、碘、铜等营养成分，具有补益精气、通调月经、收敛止血、美肤乌发的功效。另外，墨鱼对祛除脸上的黄褐斑和皱纹也具有较好的辅助治疗作用。

材料

彩椒	200 克	料酒	3 毫升
墨鱼	100 克	白糖	2 克
蒜末	3 克	盐	3 克
生姜片	3 克	淀粉	适量
葱段	10 克	食用油	适量
鸡精	1 克		

彩椒

墨鱼

生姜

葱

小贴士

墨鱼体内含有许多墨汁，不易洗净，可先撕去表皮，拉掉灰骨，再将墨鱼放在装有水的盆中，在水中拉出内脏，使其流尽墨汁，并多换几次清水即可。

制作指导

墨鱼切小块再烹饪，更容易入味。

做法演示

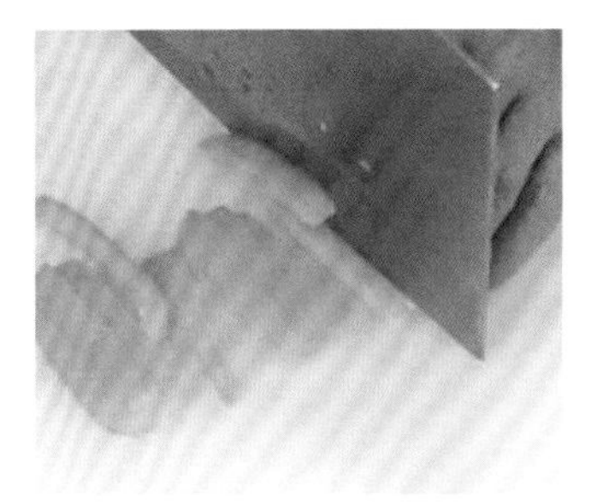
1. 将洗净的彩椒去籽，切成条。

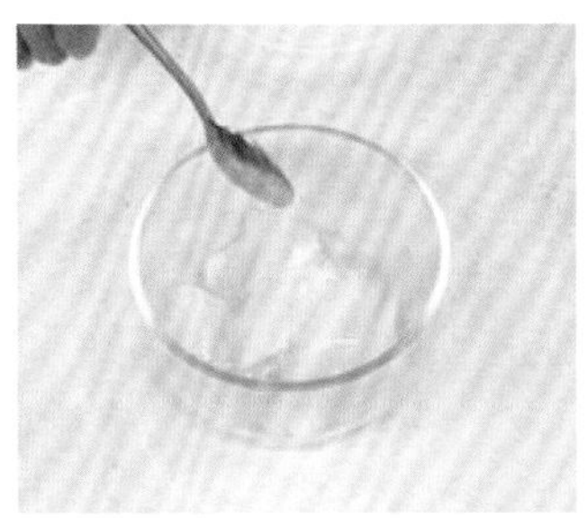
2. 处理好的墨鱼切条，加适量盐、淀粉拌匀，腌渍 10 分钟。

3. 锅中加清水烧开，加入适量盐、食用油。

4. 倒入彩椒煮约 1 分钟，捞出备用。

5. 再倒入墨鱼，汆烫片刻后捞出备用。

6. 油锅烧热，放入生姜片、蒜末、葱段爆香。

7. 倒入彩椒、墨鱼，加入料酒拌匀。

8. 再加入适量盐、鸡精、白糖，用少许淀粉加水勾芡。

9. 拌炒至入味，盛出装盘即可。

口味 鲜　人群 一般人群　功效 增强免疫力

白灼基围虾

基围虾营养丰富，其蛋白质含量是鱼、蛋、奶的几倍甚至几十倍。基围虾还含有丰富的钾、碘、镁、磷等矿物质及维生素 A，是身体虚弱以及病后需要调养的人的良好食物。此外，基围虾肉质松软，易消化，非常适合儿童、孕妇和老年人食用。

材料

基围虾	250 克	鸡精	2 克
生姜丝	20 克	白糖	2 克
红椒	20 克	盐	3 克
香菜	5 克	香油	适量
料酒	10 毫升	食用油	适量
豉油	30 毫升		

基围虾

生姜

红椒

香菜

小贴士

基围虾头部长有剑齿状的锋利外壳，烹制基围虾前应将头须和脚剪去。汆煮基围虾时，放入少许柠檬片可去除腥味，使虾肉味道更鲜美。

制作指导

煮虾的时间不要过久，以免肉质变老。

做法演示

1. 洗净的红椒去籽，切成丝。

2. 锅中加 1500 毫升清水烧开，加适量盐、料酒、生姜丝。

3. 倒入基围虾，搅拌均匀，煮 2 分钟至熟后捞出。

4. 装盘，放入洗净的香菜。

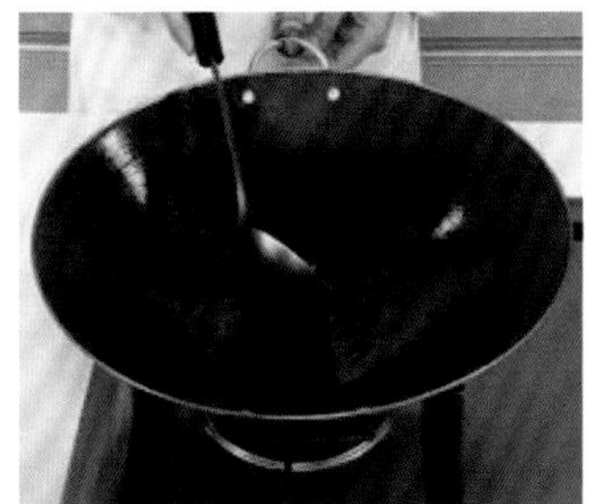
5. 锅中注入食用油烧热，倒入约 70 毫升的清水。

6. 加入豉油和红椒丝，炒匀。

7. 再加入白糖、鸡精、香油，拌匀。

8. 煮沸，制成味汁，盛入味碟中。

9. 煮好的基围虾蘸上味汁即可食用。

口味 甜　人群 一般人群　功效 增强免疫力

虾仁炒玉米

虾仁营养丰富，钙的含量为各种动植物食物之冠，蛋白质含量也相当高，还富有多种营养成分，且其肉质松软、味道鲜美、容易消化，对身体虚弱以及病后需要调养的人是极好的补养食物，经常食用，可增强人体免疫力。

材料

虾仁	150 克	白糖	3 克
玉米粒	250 克	盐	3 克
胡萝卜	50 克	淀粉	适量
葱花	5 克	食用油	适量
鸡精	1 克	黄瓜片	适量
料酒	3 毫升	圣女果	适量

虾仁　玉米　胡萝卜　葱花

小贴士

要选用颗粒饱满、鲜嫩的玉米，过老的玉米吃起来口感不好。切虾仁时，要挑去背部的虾线。虾仁要快火急炒，避免水分过度蒸发，否则会影响虾仁的鲜嫩口感。

制作指导

虾仁很易熟，不宜炒太久，以免失去鲜嫩的口感。

做法演示

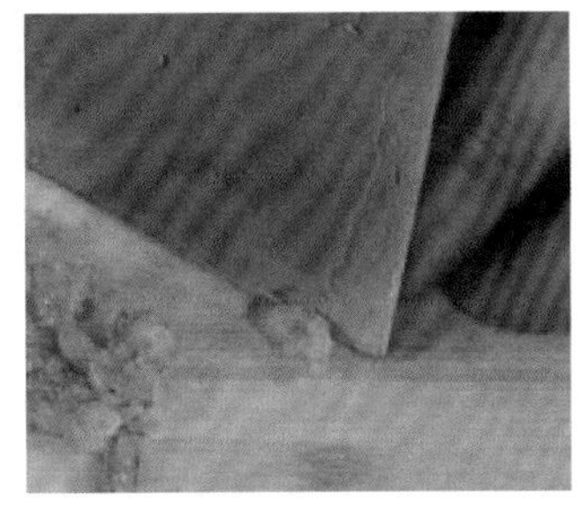

1. 虾仁洗净，背部切开，处理干净，切成丁。

2. 胡萝卜去皮洗净切丁。

3. 虾肉加适量盐、料酒、淀粉拌匀，腌渍片刻。

4. 锅中注入食用油烧热。

5. 倒入虾肉翻炒片刻。

6. 加入玉米粒、胡萝卜。

7. 拌炒约 2 分钟至熟。

8. 加适量盐、白糖、鸡精调味，用少许淀粉加水勾薄芡。

9. 撒入葱花，出锅装盘，用黄瓜片和圣女果装饰即成。

口味 辣 人群 老年人 功效 增强免疫力

青红椒炒虾仁

青椒、红椒中的辣椒素有刺激唾液和胃液分泌的作用，能增进食欲，帮助消化，促进肠道蠕动、防止便秘。虾仁具有温补肾阳、健胃的功效，虾仁中还含有丰富的镁，镁对心脏活动具有重要的调节作用。

材料

青椒片	40 克	鸡精	1 克
红椒片	20 克	料酒	5 毫升
虾仁	200 克	辣椒酱	20 克
生姜片	5 克	盐	3 克
蒜末	5 克	淀粉	适量
葱白	15 克	食用油	适量

青椒

红椒

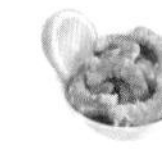
虾仁

生姜

小贴士

剥虾仁前，应把虾须和虾头上端呈锯齿状的额剑剪去，以免把手割破。腌渍虾仁时，加少许蛋清，可以让虾仁的口感更嫩。

制作指导

虾仁用清水浸泡一会儿再腌渍，能增加虾肉的弹性。

做法演示

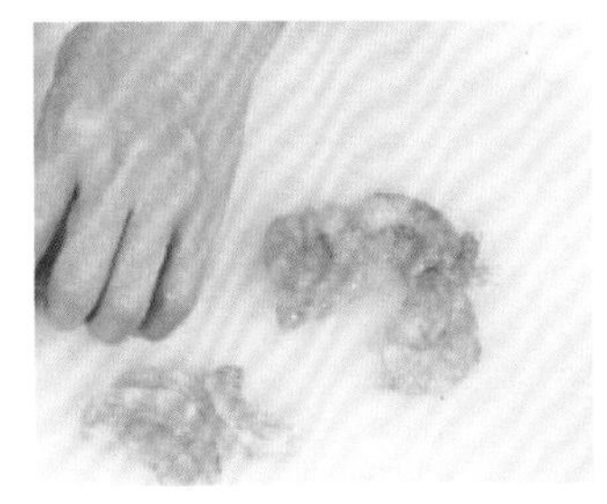
1. 洗净的虾仁背部切开，去掉虾线。

2. 盛入碗中，加入适量盐、淀粉、食用油拌匀，腌渍 5 分钟。

3. 锅中加 1000 毫升清水烧开，加适量食用油。

4. 倒入青椒片和红椒片，煮沸后捞出。

5. 再将虾仁倒入锅中，汆至红色后捞出。

6. 热锅注入食用油，烧至四成热，倒入虾仁，滑油后捞出。

7. 锅留底油，倒入生姜片、蒜末、葱白爆香。

8. 倒入焯水后的青椒片、红椒片和滑油后的虾仁。

9. 加适量盐、鸡精、料酒、辣椒酱炒匀，用少许淀粉加水勾芡，装盘即可。

口味 清淡 人群 一般人群 功效 增强免疫力

花蟹炒年糕

花蟹富含蛋白质、脂肪、磷脂、维生素等营养成分，还含有多种游离氨基酸，对身体有很好的滋补作用。花蟹具有养筋益气、理胃消食等功效，对淤血、损伤、腰腿酸痛和风湿性关节炎等疾病有一定的食疗功效。

材料

花蟹	2只	盐	3克
年糕	150克	鸡精	2克
生姜末	3克	料酒	5毫升
生姜片	3克	高汤	适量
蒜末	3克	淀粉	适量
葱花	5克	食用油	适量

小贴士

吃螃蟹时通常要蘸由醋、生姜、黄酒等调制成的佐料。这种佐料既可促进胃液分泌，有利消化增进食欲，又可祛寒杀菌。

制作指导

花蟹烹制前，要用刷子刷洗干净，并将其内脏清除干净。

做法演示

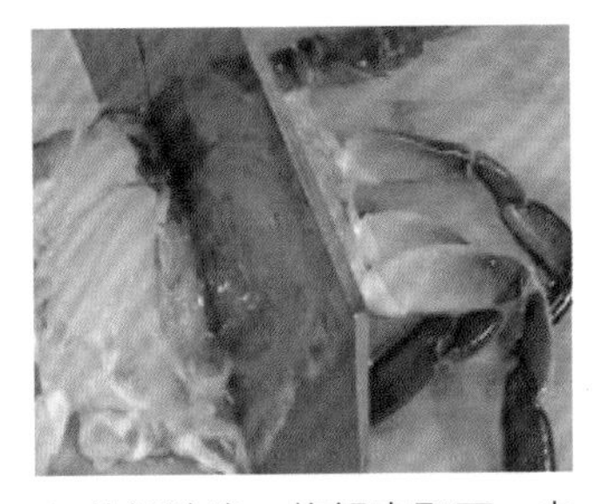

1. 花蟹洗净，将蟹壳取下，去除鳃、内脏，斩块。

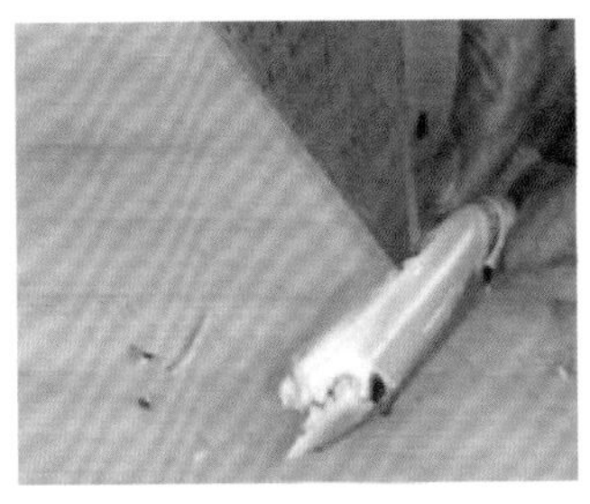

2. 把蟹脚拍破；年糕切块。

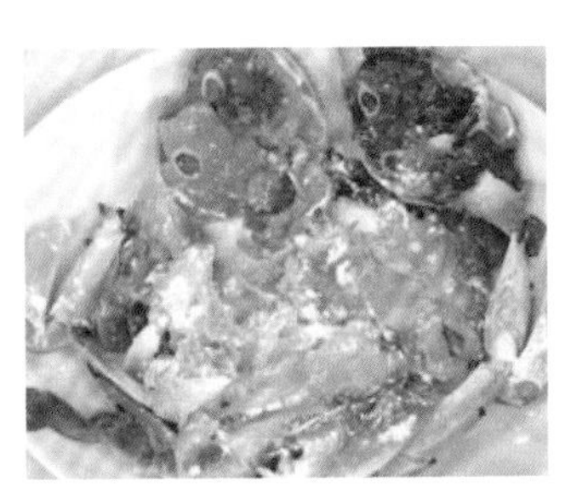

3. 将蟹块装入盘内，撒上适量淀粉。

4. 油锅烧至六七成热，倒入蟹壳，炸至鲜红色后捞出。

5. 油锅烧热，放入生姜片，倒入蟹块，炸熟后捞出。

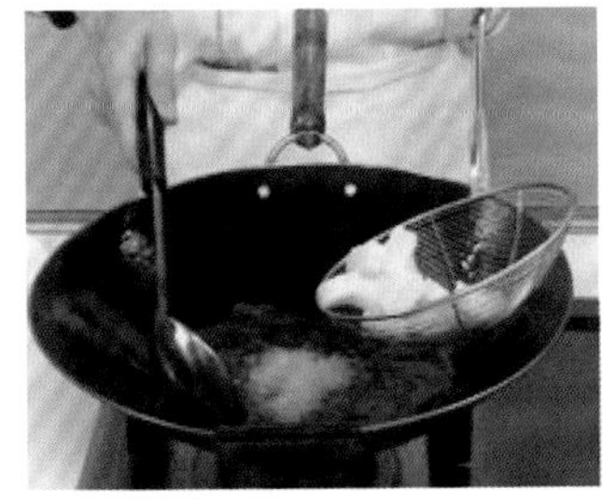

6. 锅中注油烧至四五成热，倒入年糕，滑油片刻后捞出。

7. 锅留底油，倒入生姜末、蒜末爆香。

8. 倒入蟹块，放入适量高汤，加鸡精、盐调味。

9. 倒入年糕略炒，加入料酒，用淀粉加水勾芡，撒上葱花即可。

口味 辣　人群 一般人群　功效 增强免疫力

双椒爆螺肉

田螺含有丰富的蛋白质、维生素和人体必需的氨基酸和微量元素，是典型的高蛋白、低脂肪、高钙质的天然食物，具有清热、明目、利尿等功效，适宜消瘦、免疫力低、记忆力下降和贫血者食用。

材料

田螺肉	250 克	鸡精	1 克
青椒片	40 克	料酒	5 毫升
红椒片	40 克	辣椒油	适量
生姜末	5 克	香油	适量
蒜蓉	10 克	胡椒粉	3 克
葱末	15 克	淀粉	适量
盐	3 克	食用油	适量

小贴士

田螺肉类应烧煮 10 分钟以上，待充分煮熟后方可食用，以防止病菌和寄生虫感染。此外，螺肉不宜频繁食用。

制作指导

田螺肉要彻底冲洗干净，烹制时可以多放一些料酒。

做法演示

1. 用食用油起锅，倒入蒜蓉、葱末、生姜末爆香。

2. 倒入田螺肉，炒 2 分钟至熟。

3. 放入青椒片、红椒片。

4. 将锅内食材拌炒均匀。

5. 放入盐、鸡精，炒匀入味。

6. 加料酒，炒匀去除腥味。

7. 用少许淀粉加水勾芡，淋入辣椒油、香油。

8. 撒入胡椒粉，拌炒均匀。

9. 出锅装盘即成。

口味 咸　人群 男性　功效 增强免疫力

蒜蓉粉丝蒸扇贝

粉丝中含有碳水化合物、膳食纤维、蛋白质、烟酸和矿物质等营养成分，能增强免疫力、促进消化。但粉丝中铝含量较多，故一次不宜食用过多。扇贝味道鲜美，营养丰富，与海参、鲍鱼齐名，并列为海味中的“三大珍品”。

材料

扇贝	300 克	盐	2 克
水发粉丝	100 克	鸡精	1 克
蒜蓉	30 克	生抽	适量
葱花	20 克	食用油	适量

扇贝

粉丝

蒜蓉

葱花

小贴士

扇贝中含有非常丰富的维生素 E，能延缓皮肤衰老、防止色素沉着，对祛除因皮肤过敏或是感染而引起的皮肤干燥和瘙痒等有益。

制作指导

扇贝本身极具鲜味，所以在烹调时应少放鸡精和盐。

做法演示

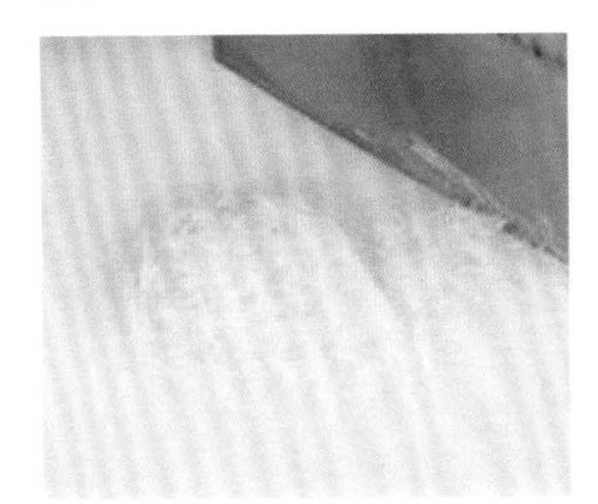
1. 水发粉丝洗净，切段。

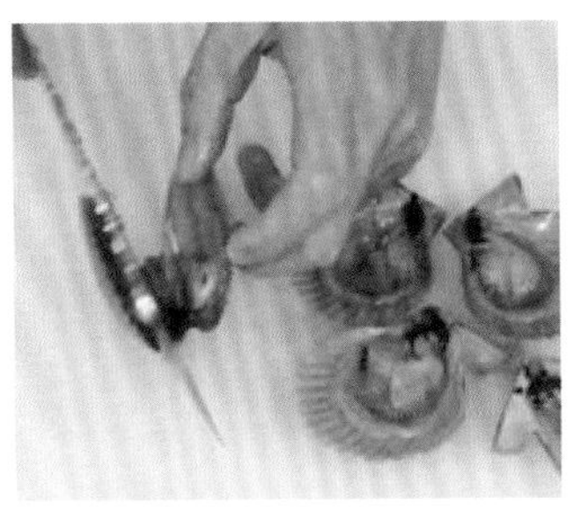
2. 扇贝洗净，对半切开，再清洗干净，装盘备用。

3. 油锅烧热，倒入蒜蓉。

4. 炸至金黄色，盛入碗中备用。

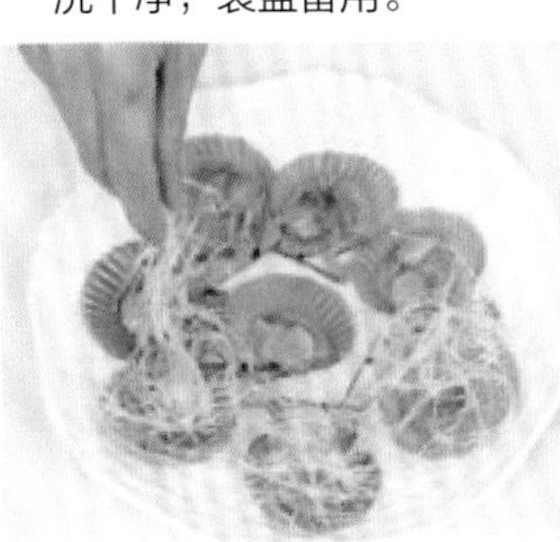
5. 扇贝上撒好粉丝段。

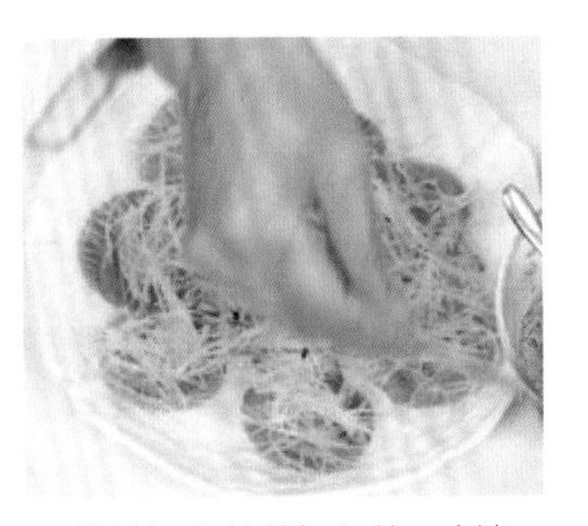
6. 将炸好的蒜蓉加入盐、鸡精，拌匀后浇在扇贝上。

7. 放入蒸锅，中火蒸约 5 分钟至扇贝、粉丝熟透。

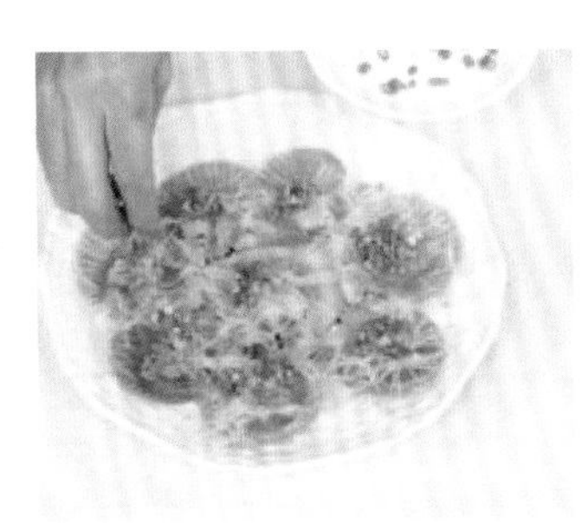
8. 揭开锅盖，取出蒸好的粉丝扇贝，撒上葱花。

9. 淋入少许生抽，再浇上热油即可。

口味 咸　人群 一般人群　功效 增强免疫力

黄豆酱炒蛏子

蛏子富含碘和硒，是甲状腺功能亢进患者、孕妇和老年人的良好保健食物。蛏子含有锌和锰，常食蛏子有益于脑的营养补充，有健脑益智的作用。蛏子肉还可用于辅助治疗产后虚损、烦热口渴、湿热水肿等症。

材料

蛏子	300 克	白糖	3 克
青椒片	15 克	老抽	3 毫升
红椒片	15 克	蚝油	5 毫升
生姜片	3 克	料酒	5 毫升
蒜末	3 克	淀粉	适量
葱白	10 克	食用油	适量
盐	3 克	黄豆酱	适量
鸡精	1 克		

小贴士

蛏子用淡盐水反复搓洗几遍，即可将壳上的脏物洗净。在吃蛏子时，最好将蛏肉周围那一圈黑线去除。

制作指导

汆烫蛏子的时候，时间不可过长，蛏子壳微微开口即可。

做法演示

1. 锅中加清水烧开，倒入蛏子，煮至壳开。

2. 取出蛏子并清洗干净，装入碗中。

3. 油锅烧热，倒入生姜片、蒜末、葱白、青椒片、红椒片炒香。

4. 倒入蛏子，加料酒炒香。

5. 加蚝油、黄豆酱炒匀。

6. 倒入少许清水，加盐、鸡精、白糖翻炒入味。

7. 加少许老抽，炒匀上色。

8. 用淀粉加水勾芡，再加少许熟油炒匀。

9. 出锅装盘即可。

口味 辣　人群 中老年人　功效 增强免疫力

辣炒花蛤

花蛤含蛋白质、脂肪、碳水化合物、铁、钙、磷、碘、维生素、氨基酸和牛磺酸等多种营养成分，且具有低热量、高蛋白、少脂肪的特点，有滋阴明目、软坚化痰、益精润脏之功效，还有利于中老年人慢性病的防治。

材料

花蛤	500克	盐	3克
青椒片	15克	料酒	3毫升
红椒片	15克	香油	适量
干辣椒	5克	辣椒油	适量
蒜末	10克	豆豉酱	6克
生姜片	10克	豆瓣酱	8克
葱白	15克	食用油	适量

小贴士

选购花蛤时，可轻轻地敲打其外壳，若为“砰砰”声，则花蛤是死的；若为较清脆的“咯咯”声，则花蛤是活的。

制作指导

花蛤炒制前，可先用清水泡一下，帮助其吐出泥沙。

做法演示

1. 锅中加足量清水烧开，倒入花蛤拌匀。

2. 煮沸后将花蛤捞出，放入清水中洗净。

3. 用食用油起锅，入干辣椒、生姜片、蒜末、葱白爆香。

4. 加入洗净切好的青椒片、红椒片、豆豉酱炒香。

5. 倒入煮熟洗净的花蛤，拌炒均匀。

6. 加入盐、料酒炒匀调味。

7. 加豆瓣酱、辣椒油炒匀。

8. 用少许淀粉加水勾芡，淋上香油炒匀。

9. 盛出装盘即可。

口味 鲜　人群 一般人群　功效 养心护脑

香煎带鱼

带鱼富含蛋白质、脂肪、磷、铁、钙、维生素 A、维生素 B_1、维生素 B_2 等多种营养成分。带鱼还含有丰富的镁元素，对心血管系统有很好的保护作用，有利于预防高血压、心肌梗死等心血管疾病。常吃带鱼还有养肝补血、润泽肌肤、美容的功效。

材料

带鱼	300 克	鸡精	2 克
生姜	10 克	生抽	3 毫升
葱叶	7 克	料酒	5 毫升
盐	3 克	食用油	适量
白糖	2 克	香菜	适量

做法

1. 带鱼宰杀处理干净，切段。
2. 生姜去皮洗净，切片；葱叶洗净，切葱花。
3. 带鱼加适量葱花、料酒、生姜片、盐、白糖、鸡精拌匀，腌渍片刻。
4. 热锅注入食用油，放入带鱼，用中火煎片刻。
5. 用锅铲将带鱼翻面。
6. 小火再煎约 2 分钟，至焦黄且熟透。
7. 淋入少许生抽提鲜。
8. 出锅装盘，撒上适量葱花和香菜即可。